中国野外观花系列 04

HANDBOOK OF WILD FLOWERS IN CENTRAL CHINA

华中野外观花手册

李 敏 李晓东 编著

河南科学技术出版社

· 郑州 ·

图书在版编目（CIP）数据

华中野外观花手册 / 李敏，李晓东编著 .— 郑州：河南科学技术出版社，2015.2
（中国野外观花系列）
ISBN 978-7-5349-7207-2

Ⅰ.①华… Ⅱ.①李… ②李… Ⅲ.①野生植物—花卉—华中地区—手册 Ⅳ.① Q949.408-62

中国版本图书馆 CIP 数据核字 (2014) 第 162108 号

生物中国 总策划：周本庆

出版发行：河南科学技术出版社
地址：郑州市经五路 66 号 邮编：450002
电话：（0371）65737028 65788613
网址：www.hnstp.cn
策 划：李 敏 责任编辑：杨秀芳
封面设计：张 伟 版式设计：宣 晶 赵明月
责任校对：柯 姣 责任印制：张 巍
印 刷：北京盛通印刷股份有限公司
经 销：全国新华书店
幅面尺寸：113mm × 181mm 印张：8 字数：215 千字
版 次：2015 年 2 月第 1 版 2015 年 2 月第 1 次印刷
定 价：39.80 元

序

我国地域辽阔，横跨寒温带、温带、亚热带和热带，囊括了全球除极地冻原以外的所有主要植被类型，有草原、荒漠、热带雨林、常绿阔叶林、落叶阔叶林、针叶林、高原高寒植被等，仅有花植物就有近 3 万种，是世界野生植物资源最为丰富的国家之一，被誉为“世界园林之母”。

中国植物图像库（www.plantphoto.cn）自 2008 年建站以来，得到各界学者、友人的大力支持，注册用户达 23 000 余人，共享各类植物彩色照片 200 万余幅，涵盖了中国野生植物一半以上的种类。我们从中精选出具有重要观赏价值的野生花卉 2 000 余种，照片 6 500 余幅，按照我国七大行政地理分区，分为华北、东北、华东、华中、华南、西南、西北七册出版。在物种选择上尽可能地包括本地区最具有观赏价值的野生花卉，同时为兼顾在科属水平上的代表性，同属植物仅收录其最常见到的物种。本册收录了华中地区具有重要观赏价值的野生花卉 103 科 274 属 425 种，其中 230 种为主要描述种，重点介绍了植物的分类、识别特征、花期和分布等信息，部分物种还选取了与其形态上相似的 1~2 个相近物种进行了简要描述。

为方便查找使用，本手册按照花色和花型为序编排。需要特别说明的是，植物花朵万紫千红，部分物种花色变异丰富多彩，我们将花瓣最主要的颜色分为白、黄、橙、红、紫、蓝、棕、绿等八种颜色予以索引，请使用时在相近的颜色中查阅。部分花型也仅是看起来像或者接近的花型，而非科学分类，部分可能显得比较牵强，请使用者注意辩证看待。本手册还配有常用术语图解、本地区野生花卉资源等专题性说明，文后还有中文名索引、拉丁名索引等。希望本书能成为您野外郊游识别植物的好参谋。

由于编者时间及精力有限，准备和推敲不够，错误、疏漏及欠缺之处，敬请广大读者批评指正。

中国科学院植物研究所
系统与进化植物学国家重点实验室　李　敏

中国科学院武汉植物园　李晓东

二〇一四年十二月

使用指南

分类名称

分别为拼音、中文名、俗名、拉丁学名*、科属。

* 拉丁学名以《Flora of China》为标准。

生境、花期**

** 花期受纬度、海拔和气温的影响较大。

形态特征

主要参考《中国植物志》网站（frps.eflora.cn）数据，有删减。

相近种概述

简要介绍与本种花形相近（花色可能不同）的1~2种花卉的特征，以及对应的图片编号。

dùlí
杜梨
Pyrus betulifolia Bunge
科属：蔷薇科，梨属。
生境：平原或山坡阳处。
花期：4月。

乔木。树冠开展，枝常具刺；二年生枝条紫褐色。叶片菱状卵形至长圆卵形，先端渐尖，基部宽楔形，具齿。伞形总状花序，有花10~15朵；苞片膜质，线形，早落；萼片三角卵形，先端急尖，全缘；花瓣宽卵形，先端圆钝，基部具有短爪，白色；雄蕊20枚，花药紫色，长约花瓣之半；花柱2~3个。果实近球形，褐色，有淡色斑点，萼片脱落。①②③

相近种　山荆子（*Malus baccata* (Linnaeus) Borkhausen）萼片披针形，先端渐尖；花瓣白色，倒卵形，基部有短爪④。

16

检索顺序（快速索引页码参见护封握口）

第一步：判断花色

白　黄　橙　红　紫　蓝　棕　绿

第二步：判断花型

辐射对称花　头状花序　左右对称花　穗状花序　伞状花序

dàhuāsháolán
大花杓兰
Cypripedium macranthos Swartz
科属：兰科，杓兰属。
生境：林下、林缘或草坡。
花期：6~7月。

多年生草本。片通常5枚，长椭圆形至宽椭圆形，全缘，基部渐狭成鞘状抱茎。花莛片下部者叶状，但明显小于下部叶片；花顶生，紫色，常1朵，偶有2朵者；中萼片宽卵形；合萼片比中萼片短与狭，先端二齿状裂；花瓣卵状披针形；唇瓣卵球形，内折侧裂片舌状三角形；退化雄蕊矩圆状卵形；花药扁球形。子房弧曲。①②③

相近种　紫点杓兰（*Cypripedium guttatum* Swartz）花单生茎顶，白色，带紫色斑点④。

175

花色花型索引

花色和花型排序，底色为花色、图案为花型。

花型大致分为辐射对称花、头状花序、左右对称花、穗状花序、伞状花序五类。一般花小而多的，则按照花序排列。

目　录

术语图解

花的结构

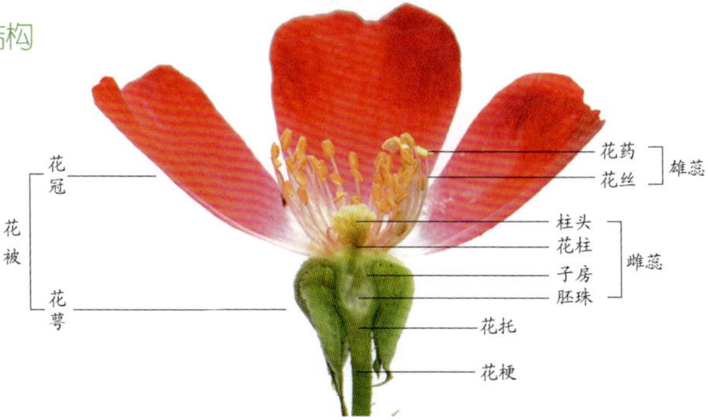

花是被子植物的繁育器官，在其生活周期中占有极其重要的地位。花可以看作是一种不分枝，节间缩短，适应于生殖的变态短枝，花梗和花托是枝条的一部分，花萼、花冠、雌蕊和雄蕊是着生于花托上的变态叶。

同时具有花萼、花冠、雌蕊和雄蕊的花为完全花，缺少其中一部分的花为不完全花。一朵花中既有雌蕊又有雄蕊的花是两性花，只有雌蕊的单性花为雌花，只有雄蕊的单性花为雄花。部分植物无花冠称为单被花，其花萼特化为花瓣状，如铁线莲、郁金香等。生于花下方的叶称为苞片，有时也特化为花瓣状，如珙桐、四照花、叶子花等。

花型

十字形花冠　漏斗状花冠　钟状花冠　轮（辐）状花冠　蝶形花冠　唇形花冠　筒状花冠　舌状花冠

花序

总状花序　穗状花序　头状花序　伞形花序　伞房花序

叶的结构

叶型

单叶（全缘） 单叶（羽状分裂） 单叶（掌状分裂） 羽状复叶 掌状复叶

叶形

条形 披针形 卵形 椭圆形 圆形 心形 戟形

叶缘

全缘 锯齿 重锯齿 波状 钝齿状 半裂 掌状深裂 羽状深裂

叶序

叶互生 叶对生 叶轮生 叶簇生

华中观花指南

本手册所指华中地区包括河南、湖北、湖南三省，位于我国中部，自北沿顺时针方向依次为华北地区、华东地区、华南地区、西南地区和西北地区所环绕。

华中地区在巫山山脉与武陵山脉以西，地貌类型结构以山地（中山）、高原和盆地为主，海拔多达 1 500~2 000 米；以东则以低山、丘陵和平原为主，海拔多在 500~1 000 米，平原海拔多在 50 米以下。湖北、四川交界处的神农架林区，平均海拔 1 700 米，被称为“华中屋脊”，主峰神农顶海拔 3 105 米，为华中地区第一高峰。主要山地有东西横亘于北部的秦巴山地、淮阳山地，绵亘于南部的南岭山地，以及呈南北或北东走向的神农架、桐柏山、大别山、武陵山、雪峰山、罗霄山等。主要盆地有南阳盆地等，著名的平原包括江汉平原、洞庭湖平原及鄱阳湖平原等。主要水系包括黄河、海河、淮河、长江及其各条支流。星罗棋布的大小湖泊，以及长江截弯取直所留下的新月形的长江故道，为华中地区留下了丰富的湿地资源。

华中地区地处中亚热带和北亚热带，属于温带季风气候和亚热带季风气候，具有热量充足、降水丰沛、四季分明的特点。气候以淮河为分界线，淮河以北为温带季风气候，以南为亚热带季风气候，雨量集中于夏季，冬季北部常有大雪，通常集中在河南省境内。本区主要的地带性土壤是红壤与黄壤，以及山地黄棕壤。

华中地区地处气候带交界区，南北植物区系在此交汇，组成了丰富多彩的植被类型。区内北亚热带地带性植被类型为常绿落叶阔叶混交林，以壳斗科落叶和常绿树种为基本群落种，如麻栎、白栎和栓皮栎等。中亚热带植被类型为常绿阔叶林，以栲、石栎、青冈和樟科、山茶科、木兰科、金缕梅科的树种为主。针叶林有马尾松、杉木、云南松、柏木等树种。此外，华中地区还有广袤的湿地，生物多样性丰富。区域内共有 41 处以湿地或森林生态系统为保护对象的国家级自然保护区，宿鸭湖湿地、网湖湿地、洪湖湿地、梁子湖群湿地、石首天鹅洲长江故道区湿地、洞庭湖湿地等6处湿地被列入《中国重要湿地名录》，其中洞庭湖湿地（包括东洞庭湖、南洞庭湖和西洞庭湖），以及洪湖湿地被列入《国际重要湿地名录》。湖南八大公山国家级自然保护区作为中亚热带山地森林的代表，被列入中国森林生物多样性监测网络。

华中植物区系具有比中国其他地区更丰富的古老、孑遗和特有成分，被称为中国植物区系的核心地区，本区计有土著种子植物 210 科 1 280 属 6 390 种。西部山地处于我国特有属分布中心（孑遗中心）和中国特有植物的环形地带范围之内，地质历史古老且地形复杂和封闭，含有大量的地方特有类群，特有现象十分普遍，野生花卉资源丰富。本手册收录了具有重要观赏价值的野生花卉 103 科 274 属 425 种，重点介绍了野花的识别分类特征、花期和分布，其中 230 种为主要种，并对其中 1~2 相近种进行了描述，这里的相近种仅指形态上的相似，并不一定有亲缘关系。

华中地区推荐的野外观花地点主要包括：河南省的信阳鸡公山自然保护区，伏牛山自然保护区，嵩山，太行山（新乡，辉县）；湖北省的神农架，五峰县，九宫山（通山县），天堂寨（罗田县），大贵寺（广水），武汉；湖南省的莽山自然保护区，南岳衡山，张家界，怀化，八大公山保护区。

huáxiàcígū

慈姑 # 华夏慈姑

Sagittaria trifolia* subsp. *leucopetala (Miq.) Q. F. Wang

科属：泽泻科，慈姑属。
生境：栽培或自生。
花期：5~10月。

多年生水生草本。植株高大，粗壮。叶片宽大，肥厚，顶裂片先端钝圆，卵形至宽卵形；匍匐茎末端膨大成球茎，球茎卵圆形或圆形；圆锥花序高大，长 20~80 厘米，枝常 2 条，着生于下部，具 1~2 轮雌花，主轴雌花 3~4 轮，位于侧枝之上；雄花多轮，生于上部，组成大型圆锥花序，果期常斜卧水中；果期花托扁圆形。种子褐色，具小凸起。①②③④

cūchǐtiěxiànlián

粗齿铁线莲 银叶铁线莲

Clematis grandidentata
(Rehder & E. H. Wilson) W. T. Wang

科属：毛茛科，铁线莲属。
生境：山坡或山沟灌丛中。
花期：5~8 月。

落叶藤本。一回羽状复叶，5 枚小叶或茎端为三出叶，小叶片卵形或椭圆状卵形，顶端渐尖，基部圆形至微心形，常有不明显 3 裂，边缘有粗大锯齿。腋生聚伞花序常有花 3~7 朵，或成顶生圆锥状聚伞花序多花，较叶短；萼片 4 枚，开展，白色，近长圆形，顶端钝。瘦果扁卵圆形，具宿存花柱。①②③④

éméiqiángwēi

刺石榴，山石榴 **峨眉蔷薇**

Rosa omeiensis Rolfe

科属：蔷薇科，蔷薇属。

生境：山坡、山脚下或灌丛中。

花期：5~6 月。

直立灌木。小枝无刺或有扁而基部膨大皮刺。小叶 9~13 枚，长圆形或椭圆状长圆形，有锐锯齿。花单生叶腋，萼片 4 枚，披针形，全缘，花瓣 4 枚，白色，倒三角状卵形，先端微凹；花柱离生，比雄蕊短。蔷薇果倒卵圆形或梨形，熟时亮红色，果柄肥大，宿萼直立。①②③④

húțuízǐ

胡颓子 蒲颓子，羊奶子

Elaeagnus pungens Thunb.

科属：胡颓子科，胡颓子属。

生境：向阳山坡或路旁。

花期：9~12 月。

①

②

③

④

常绿灌木。棘刺顶生或腋生。叶革质，椭圆形或宽椭圆形，两端钝或基部圆。花白色，下垂，1~3 朵腋生；萼筒圆筒形或近漏斗状圆筒形，在子房之上缢缩，裂片三角形或长圆状三角形；花丝极短；花柱直立，上端微弯曲。果椭圆形，被褐色鳞片，熟时红色。①②③

相近种　**巴东胡颓子** ***Elaeagnus difficilis*** Servett. 花深褐色，花柱弯曲，果实长椭圆形④。

jì
荠

Capsella bursa-pastoris (L.) Medik.

科属：十字花科，荠属。
生境：在山坡、田边及路旁。
花期：4~7 月。

一年或二年生草本。基生叶丛生呈莲座状，大头羽状分裂，顶裂片卵形至长圆形，侧裂片长圆形至卵形；茎生叶窄披针形或披针形，基部箭形，抱茎，边缘有缺刻或锯齿。总状花序顶生及腋生，萼片长圆形，花瓣白色，卵形，有短爪。短角果倒三角形或倒心状三角形，扁平，顶端微凹；种子 2 行，长椭圆形，浅褐色。①②③

相近种　**蔊菜** ***Rorippa indica*** (L.) Hiern 总状花序顶生或侧生，花小，多数。花瓣黄色，匙形，基部渐窄成短爪；雄蕊 6 枚，四强④。

jícài

蕺菜 狗贴耳，鱼腥草

Houttuynia cordata Thunb.

科属：三白草科，蕺菜属。
生境：沟边、溪边或林下湿地上。
花期：4~8 月。

多年生草本。具根茎。叶薄纸质，密被腺点，宽卵形或卵状心形，先端短渐尖，基部心形，下面常带紫色。穗状花序顶生或与叶对生，基部多具 4 枚白色花瓣状苞片。花小，雄蕊 3 枚，长于花柱，花丝下部与子房合生，花柱 3 个，外弯。蒴果近圆形，顶端开裂，花柱宿存。①②③

相近种　三白草 ***Saururus chinensis*** (Lour.) Baill. 上部叶较小，茎顶端 2~3 叶花期常白色，呈花瓣状；总状花序腋生或顶生，具长花序梗；苞片近匙形，下部线形，贴生于花梗，上部圆④。

ōulíng

欧菱

Trapa natans L.

科属：菱科，菱属。

生境：湖湾、池塘、河湾。

花期：5~10 月。

一年生浮水水生草本。浮水叶互生，叶菱圆形或三角状菱圆形，中上部具不整齐圆凹齿或锯齿，基部楔形或近圆形；叶柄中上部不明显膨大。花小，萼筒 4 深裂；花瓣白色；花盘鸡冠状。坚果三角状菱形或三角形，2 肩角直伸或斜举，刺角基部稍增粗，无腰角，丘状突起不明显，果喙不明显。①②③④

shānméihuā

山梅花 白毛山梅花

Philadelphus incanus Koehne

科属：虎耳草科，山梅花属。

生境：林缘灌丛中。

花期：5~6 月。

灌木。叶卵形或宽卵形，先端尾尖，基部圆；花枝叶卵形、椭圆形或卵状披针形，较小，先端渐尖，基部宽楔形，疏生锯齿，上面被刚毛，下面密被白色长粗毛。总状花序。花梗长 0.5~1 厘米，密被长柔毛；花萼外面密被紧贴糙伏毛，萼筒钟形，裂片卵形，先端骤渐尖；花冠盘状；花瓣白色，卵形或近圆形；花盘无毛；花柱长约 5 毫米，无毛，顶端稍裂，柱头棒形。蒴果倒卵形。种子具短尾。①②③④

shānmùtōng

九里花，雪球藤 山木通

Clemátis finetiana H. Lév. & Vaniot

科属：毛茛科，铁线莲属。

生境：疏林、溪边、灌丛、石缝。

花期：4~6 月。

木质藤本。三出复叶，小叶革质，窄卵形或披针形，先端渐尖，基部圆形或浅心形，全缘。花序腋生并顶生，苞片三角形。萼片 4~6 枚，白色，平展，窄披针形；花药窄长圆形或线形，顶端具小尖头。瘦果镰状纺锤形，具黄褐色羽毛状宿存花柱。①②

相近种 **清香藤** ***Jasminum lanceolaria*** Roxb. 复聚伞花序常排列成圆锥状，花冠高脚碟状，花冠管纤细③。**威灵仙** ***Clematis chinensis*** Osbeck 一回羽状复叶，小叶 3~7 枚；萼片 4~5 枚，长圆形或长圆状倒卵形④。

sìzhàohuā

四照花

Cornus kousa
subsp. ***chinensis*** (Osborn) Q. Y. Xiang

科属：山茱萸科，山茱萸属。
生境：林中。
花期：5~7 月。

落叶小乔木。叶对生，纸质或厚纸质，卵形或卵状椭圆形。头状花序圆形，由 40~50 朵花聚集而成；总苞片 4 枚，白色，卵形或卵状披针形，花小，花萼管状，上部 4 裂；花盘垫状；子房下位，花柱圆柱形。果序圆形，成熟时红色；总果梗长而纤细。①②③

相近种　**香港四照花** ***Cornus hongkongensis*** Hemsl. 常绿乔木或灌木。叶对生，薄革质至厚革质，椭圆形至长椭圆形，稀倒卵状椭圆形；总苞片白色，花瓣淡黄色，倒卵状长圆形④。

báijuānméi

金瓜果，九活头 # 白鹃梅

Exochorda racemosa (Lindl.) Rehder

科属：蔷薇科，白鹃梅属。

生境：山坡阴地。

花期：5 月。

灌木。叶片椭圆形、长椭圆形至长圆倒卵形，先端圆钝或急尖，基部楔形或宽楔形，多全缘；叶柄短或近无柄；不具托叶。总状花序，有花 6~10 朵，基部花梗较顶部稍长；苞片小，宽披针形；萼筒浅钟状；萼片宽三角形，先端急尖或钝，边缘有尖锐细锯齿，黄绿色；花瓣倒卵形，先端钝，基部有短爪，白色；雄蕊 15~20 枚，3~4 枚一束着生在花盘边缘，与花瓣对生；心皮 5 枚，花柱分离。蒴果，倒圆锥形。①②③④

báitán

白檀 碎米子树，乌子树

Symplocos paniculata (Thunb.) Miq.

科属：山矾科，山矾属。

生境：山坡、路边、疏林或密林中。

花期：4~6月。

落叶灌木或小乔木。叶膜质或薄纸质，宽倒卵形、椭圆状倒卵形或卵形，先端渐尖或急尖，基部宽楔形或近圆形，边缘有细尖锯齿；具短叶柄。圆锥花序；苞片早落，条形，有褐色腺点。花萼筒褐色，裂片半圆形或卵形，稍长于萼筒，淡黄色，有纵脉纹，边缘有毛；花冠白色，5深裂几达基部；雄蕊40~60枚；子房2室；花盘具5个凸起腺点。核果熟时蓝色，卵状圆形，稍偏斜，宿萼裂片直立。①②③④

bājiǎofēng

华瓜木 八角枫

Alangium chinense (Lour.) Harms

科属：八角枫科，八角枫属。

生境：山地或疏林中。

花期：5~7 月和 9~10 月。

落叶乔木或灌木。小枝微呈“之”字形。叶近圆形，先端渐尖或急尖，基部两侧常不对称；不定芽长出的叶常 5 裂，基部心形。聚伞花序腋生；花萼具齿状萼片，白色或黄色；雄蕊与瓣同数；子房 2 室；花盘近圆形。核果卵圆形，顶端宿存萼齿及花盘。①②③

相近种　三裂瓜木 ***Alangium platanifolium*** var. ***trilobum*** (Miq.) Ohwi 聚伞花序腋生，具花 3~5 朵；花萼近钟形，花瓣线形；雄蕊与花瓣同数；子房 1 室，花柱粗壮，柱头扁平；花盘肥厚，微裂④。

báoyèyángtíjiǎ

薄叶羊蹄甲

Bauhinia glauca subsp. ***tenuiflora***

(C. B. Clarke) K. Larsen & S. S. Larsen

科属：豆科，羊蹄甲属。

生境：山坡疏林或山谷灌丛中。

花期：4~5月。

木质藤本。植株被稀疏红棕色柔毛。茎纤细，四棱，有卷须2支，对生。叶对生，卵形或心形，叶片分裂仅及叶长的1/4~1/3，裂片顶端圆形，全缘，基部心脏形，叶脉掌状。伞房花序顶生；花瓣5枚，匙形，粉红色；边缘皱边状，基部楔形；雄蕊10枚，发育雄蕊仅3枚，花丝1.5~2厘米；雌蕊单一，子房长柱形，具长柄，无毛，柱头头状。荚果带形，扁平；有种子数粒。①②③④

dòulí

赤梨，杜梨，鹿梨 **豆梨**

Pyrus calleryana Decne.

科属：蔷薇科，梨属。
生境：山坡、平原或山谷杂木林中。
花期：4 月。

乔木。叶宽卵形至卵形，先端渐尖，稀短尖，基部圆形至宽楔形，边缘有钝锯齿，两面无毛；托叶叶质，线状披针形，早落。花 6~12 朵组成伞形总状花序；苞片膜质，线状披针形。被丝托无毛；萼片披针形，全缘；花瓣白色，卵形，基部具短爪；雄蕊稍短于花瓣；花柱基部无毛。梨果圆形，黑褐色，有斑点，萼片脱落；果柄细长。①②③

相近种 **湖北海棠** ***Malus hupehensis*** (Pamp.) Rehder 花 4~6 朵组成伞房花序。花梗稍粗壮；花瓣粉白色或近白色，倒卵形④。

échángcài

鹅肠菜 牛繁缕，石灰菜

Myosoton aquaticum (L.) Moench

科属：石竹科，鹅肠菜属。

生境：冲积沙地低湿处、灌丛林缘等处。

花期：5~6 月。

多年生草本。叶对生，卵形，先端尖，基部近圆形或稍心形，边缘波状；叶柄短，上部叶常无柄。花白色，单歧聚伞花序顶生或腋生，苞片叶状。花梗细；萼片 5 枚，卵状披针形；花瓣 5 枚，2 深裂至基部，裂片披针形；雄蕊 10 枚；花柱 5 个。蒴果卵圆形，较宿萼稍长。①②

相近种 **卷耳** ***Cerastium arvense*** subsp. ***strictum*** Gaudin 蒴果圆柱形或长圆形，花瓣分裂达 1/3 ③。**繁缕** ***Stellaria media*** (L.) Vill. 花瓣 5 枚，2 深裂近基部，花柱 3 个④。

hǎitóng

海桐

Pittosporum tobira (Thunb.) W. T. Aiton

科属：海桐花科，海桐花属。

生境：归化于森林、山地、海岸沙地。

花期：3~5 月。

①

②

③

④

常绿灌木或小乔木。叶聚生枝顶，倒卵形，叶片先端圆钝，常微凹，全缘；伞形或伞房花序顶生，密被黄褐色柔毛；花白色，有香气，后黄色；花瓣 5 枚，倒披针形，离生；蒴果圆形，有棱或三角状，3 瓣裂。种子多数，红色。①②③

相近种　海金子 ***Pittosporum illicioides*** Makino 叶薄革质，倒卵状披针形或倒披针形，5~10 厘米，宽 2.5~4.5 厘米，先端渐尖，基部窄楔形；花梗长，下弯④。

huángmáocǎoméi

黄毛草莓 锈毛草莓

Fragaria nilgerrensis Schltdl. ex J. Gay

科属：蔷薇科，草莓属。

生境：山坡草地或沟边林下。

花期：4~7 月。

多年生草本。密集成丛。茎、叶背及叶柄密被黄棕色绢状柔毛。叶三出，小叶具短柄，质较厚，倒卵形或椭圆形，具齿。聚伞花序具数花，花序下部具一或三出有柄小叶。花两性，花瓣白色，圆形，基部有短爪。聚合果圆形，白色、淡白黄色或红色，宿萼直立，紧贴果实。①②

相近种 **东方草莓** ***Fragaria orientalis*** Losinsk. 萼片在果期反折或水平展开③。**蛇莓** ***Duchesnea indica*** (Andrews) Focke 花单生叶腋，花黄色，副萼片比萼片大④。

huǒjí

红子，火把果，救军粮 火棘

Pyracantha fortuneana (Maxim.) H. L. Li

科属：蔷薇科，火棘属。

生境：阳坡灌丛草地及河沟路旁。

花期：3~5 月。

常绿灌木。侧枝短，先端刺状。叶倒卵形或倒卵状长圆形，先端圆钝或微凹，有时具短尖头，基部楔形，下延至叶柄，有钝锯齿。复伞房花序，花径约 1 厘米，被丝托钟状，萼片三角状卵形，花瓣白色，近圆形；雄蕊 20 枚，花柱 5 个，离生。果近圆形，橘红色或深红色。①②③

相近种　**平枝栒子** ***Cotoneaster horizontalis*** Decne. 花 1~2 朵，近无梗，径 5~7 毫米；花萼具疏柔毛，萼筒钟状，萼片三角形；花瓣粉红色；雄蕊短于花瓣；花柱短于雄蕊；子房顶端有柔毛④。

jīnyīngzǐ

金樱子 刺梨子，山石榴

Rosa laevigata Michx.

科属：蔷薇科，蔷薇属。
生境：向阳山野、田边、溪畔灌木丛中。
花期：4~6 月。

常绿攀缘灌木。小枝散生扁弯皮刺。小叶革质，通常 3 枚，椭圆状卵形至披针状卵形；托叶离生或基部与叶柄合生，披针形，边缘有细齿。花单生于叶腋，花梗和萼筒密被腺毛，随果实成长变为针刺；花瓣白色，宽倒卵形，先端微凹。蔷薇果梨形或倒卵圆形，熟后紫褐色。①②

相近种　**软条七蔷薇** ***Rosa henryi*** Boulenger 伞形伞房状花序，花瓣白色③。**小果蔷薇** ***Rosa cymosa*** Tratt. 花多朵成复伞房花序，萼片卵形，常羽状分裂，花瓣白色④。

lǐ 李

嘉应子，玉皇李

Prunus salicina Lindl.

科属：蔷薇科，李属。
生境：山地灌丛、疏林中或水边、路旁等处。
花期：4 月。

落叶乔木。叶矩圆状倒卵形或椭圆状倒卵形，边缘有细密重锯齿，叶柄近顶端有 2~3 个腺体。花先叶开放，通常 3 朵簇生，萼筒钟状，裂片卵形，边缘有细齿，花瓣白色，矩圆状倒卵形。核果卵圆形，基部凹陷，有深沟，绿色、黄色或浅红色。①②③④

liùyuèxuě

六月雪

Serissa japonica (Thunb.) Thunb.

科属：茜草科，白马骨属。

生境：河溪边或丘陵的杂木林内。

花期：5~7 月。

小灌木。叶革质，卵形或倒披针形，先端短尖或长尖，全缘，无毛；叶柄短。花单生或数朵簇生小枝顶部或腋生；苞片被毛，边缘浅波状。花萼裂片锥形，被毛；花冠淡红色或白色，花冠筒比萼裂片长，花冠裂片扩展，先端 3 裂；雄蕊伸出冠筒喉部；花柱长，伸出，柱头 2 个，直，略分开。①②③

相近种　白马骨 ***Serissa serissoides*** (DC.) Druce 叶薄纸质，较大；花通常数朵丛生，花冠管与萼檐裂片等长④。

lóngkuí

龙葵

海椒，天茄菜，野伞子

Solanum nigrum L.

科属：茄科，茄属。

生境：田边，荒地及村庄附近。

花期：5~8 月。

一年生直立草本。茎无棱或棱不明显，绿色或紫色。叶卵形先端短尖，基部楔形至阔楔形而下延至叶柄，全缘或每边具不规则的波状粗齿。蝎尾状花序腋外生，萼小，浅杯状，齿卵圆形，先端圆；花冠白色，筒部隐于萼内，冠檐 5 深裂；花丝短，花药黄色，子房卵形，柱头小。浆果圆形，熟时黑色。种子多数，近卵形，两侧压扁。①②③④

lùjiǎodùjuān

鹿角杜鹃 岩杜鹃

Rhododendron latoucheae Franch.

科属：杜鹃花科，杜鹃属。

生境：杂木林内。

花期：3~6 月。

常绿灌木或小乔木。小枝细长，常 3 枝轮生。叶片卵状椭圆形或长圆状披针形，基部楔形，单花腋生，枝顶常具 1~4 朵花。花冠窄漏斗状，白色或粉红色，5 深裂；雄蕊 10 枚，伸出花冠。蒴果圆柱状，有宿存花柱。①②③

相近种　云锦杜鹃 ***Rhododendron fortunei*** Lindl. 总状伞形花序有 6~12 朵花；花序轴长 3~5 厘米，被腺体。花冠漏斗状钟形，长 4~5 厘米，粉红色，外面被稀疏腺体，7 裂④。

luòshí

络石

Trachelospermum jasminoides

(Lindl.) Lem.

科属：夹竹桃科，络石属。

生境：山野、溪边、路旁、林地或栽培。

花期：3~8 月。

常绿木质藤本，具乳汁；茎赤褐色，圆柱形，有皮孔。叶革质或近革质，椭圆形至卵状椭圆形或宽倒卵形，顶端锐尖至渐尖或钝，有时微凹或有小凸尖，基部渐狭至钝；叶柄短。二歧聚伞花序腋生或顶生，花多朵组成圆锥状，与叶等长或较长；花白色，芳香；苞片及小苞片狭披针形；花萼 5 深裂，裂片线状披针形，顶部反卷；花冠筒圆筒形，中部膨大，与花冠裂片近等长。蓇葖果双生，线状披针形。①②③④

máobǐngliánruǐchá

毛柄连蕊茶 连蕊茶

Camellia fraterna Hance

科属：山茶科，山茶属。

生境：山谷、疏林中。

花期：4~5 月。

常绿小乔木或灌木。幼枝密被柔毛及丝毛。叶革质，椭圆形，长 4~8 厘米，先端渐钝尖，基部宽楔形，下面初被长毛，后脱落，中脉被毛，具钝齿；叶柄被柔毛。花白色，顶生。花梗被毛；萼杯状，萼片 5 枚，卵形，被褐色丝毛；花瓣 5~6 枚，外层 2 片革质，内层 3~4 片椭圆形，长 2~2.5 厘米，先端凹缺；花丝筒长 1~1.4 厘米；花柱顶端 3 浅裂。蒴果圆形，径 1.5 厘米，1 室 1 粒种子，果壳薄。①②③④

shānméi

山莓

泡儿刺，山抛子

Rubus corchorifolius L. f.

科属：蔷薇科，悬钩子属。

生境：向阳山坡、溪边、山谷、荒地。

花期：2~3 月。

直立灌木。枝具皮刺。单叶，卵形至卵状披针形，顶端渐尖，基部微心形，有时近截形或近圆形，边缘不分裂或 3 裂，通常不育枝上的叶 3 裂，有不规则锐锯齿或重锯齿；叶柄疏生小皮刺。花单生或少数簇生于短枝上；花直径可达 3 厘米；萼片卵形或三角状卵形，顶端急尖至短渐尖；花瓣长圆形或椭圆形，白色，顶端圆钝，长于萼片。果实由很多小核果组成，近圆形或卵圆形，红色。①②③④

shíbānmù

石斑木

Rhaphiolepis indica (L.) Lindl.

科属：蔷薇科，石斑木属。

生境：山坡、路边或溪边灌木林中。

花期：4 月。

常绿灌木。叶片集生于枝顶，卵形、长圆形，稀倒卵形或长圆披针形，具细钝锯齿。顶生圆锥花序或总状花序，总花梗和花梗被锈色绒毛；花瓣 5 枚，白色或淡红色，倒卵形或披针形，先端圆钝；雄蕊 15 枚，与花瓣等长或稍长；果实圆形，紫黑色。①②③

相近种 **红果树** ***Stranvaesia davidiana*** Decne. 叶片长圆形、长圆披针形或倒披针形，先端急尖或突尖，基部楔形至宽楔形，全缘，复伞房花序密集多花；花瓣白色④。

shínán

将军梨，山官木 **石楠**

Photinia serratifolia (Desf.) Kalkman

科属：蔷薇科，石楠属。

生境：杂木林中。

花期：4~5 月。

常绿灌木或小乔木。叶革质，长椭圆形、长倒卵形或倒卵状椭圆形，先端尾尖，基部圆形或宽楔形，疏生细腺齿，近基部全缘；叶柄粗壮。复伞房花序顶生。被丝托杯状，萼片宽三角形；花瓣白色，近圆形；雄蕊 20 枚；花柱 2 或 3 个，基部合生，柱头头状。果圆形，成熟时红色，后褐紫色。种子 1 粒，卵圆形。①②③

相近种　贵州石楠 ***Photinia bodinieri*** H. Lév. 叶边缘稍反卷，叶柄较短；果实球形或卵形，稍大，黄红色；种子 2~4 粒④。

yěmòlì

野茉莉 黑茶花，齐墩果

Styrax japonicus Siebold & Zucc.

科属：安息香科，安息香属。

生境：林中。

花期：4~7 月。

灌木或小乔木。叶互生，纸质或近革质，椭圆形或卵状椭圆形，先端尖或渐尖，常稍弯，基部楔形或宽楔形，近全缘或上部疏生锯齿。总状花序顶生，有花 5~8 朵，花白色，花萼漏斗状，膜质，萼齿短，花冠裂片卵形、倒卵形或椭圆形，覆瓦状排列；花丝扁平。果卵形，顶端具短尖头。①②③

相近种 **赛山梅** ***Styrax confusus*** Hemsl. 花冠裂片边缘常狭内折，花蕾时呈镊合状排列；总状花序，花较大④。

yěqiángwēi

野蔷薇

刺花，多花蔷薇

Rosa multiflora Thunb.

科属：蔷薇科，蔷薇属。

生境：灌木林、矮灌丛、山坡、河边。

花期：4~6 月。

攀缘灌木。小枝有粗短稍弯曲皮刺。小叶 5~9 枚，倒卵形、长圆形或卵形，有尖锐单锯齿。圆锥花序，花直径 1.5~2 厘米；萼片披针形，有时中部具 2 个线形裂片，花瓣白色，宽倒卵形，先端微凹；花柱结合成束，稍长于雄蕊。蔷薇果近圆形，熟时红褐色或紫褐色。①②

相近种　**粉团蔷薇** ***Rosa multiflora*** var. ***cathayensis*** Rehder & E. H. Wilson 花单瓣，粉红色③。**七姊妹** ***Rosa multiflora*** var. ***carnea*** Thory 花重瓣，粉红色④。

yěshānzhā

野山楂 红果子，猴楂

Crataegus cuneata Siebold & Zucc.

科属：蔷薇科，山楂属。

生境：山谷、多石湿地或山地灌丛中。

花期：5~6 月。

落叶灌木。分枝密，常具细刺。叶宽倒卵形至倒卵状长圆形，先端急尖，基部楔形，下延叶柄，有不规则重锯齿，先端常有 3 裂，稀 5~7 浅裂；叶柄两侧有翼，托叶草质，镰刀状，有齿。伞房花序，具 5~7 朵花；苞片披针形，条裂或有锯齿。被丝托钟状，萼片三角形，全缘或有齿；花瓣白色，近圆形或倒卵形，基部有短爪；花药红色；花柱 4~5 个。果近圆形或扁圆形，红色或黄色。①②③

相近种　山楂 ***Crataegus pinnatifida*** Bunge 叶片羽状深裂④。

yīngtáo

樱桃

Cerasus pseudocerasus (Lindl.) Loudon

科属：蔷薇科，樱属。

生境：山坡阳处或沟边常栽培。

花期：3~4 月。

乔木。叶卵形或长圆状倒卵形，先端渐尖或尾尖，基部圆，有尖锐重锯齿；叶柄先端有腺体。花序伞房状或近伞形，有花 3~6 朵，先叶开花；总苞倒卵状椭圆形，褐色，边有腺齿。萼筒钟状，萼片反折；花瓣白色，卵形，先端下凹或 2 裂。核果近圆形，熟时红色。①②

相近种　**四川樱桃** ***Cerasus szechuanica*** (Batalin) T. T. Yu & C. L. Li 花序上有大型绿色苞片，果期宿存③。**华中樱桃** ***Cerasus conradinae*** (Koehne) T. T. Yu & C. L. Li 花瓣白色或粉红色，萼片不反折④。

yóutóng

油桐 荏桐，罂子桐

Vernicia fordii (Hemsl.) Airy Shaw

科属：大戟科，油桐属。

生境：疏林。

花期：4~5月。

落叶乔木。叶卵圆形，先端具短尖，基部平截至浅心形，全缘，稀1~3浅裂。雌雄同株，花先叶或与叶同时开放；花瓣白色，有淡红色脉纹，倒卵形，顶端圆形，基部爪状。雄花：雄蕊8~12枚，2轮；外轮离生，内轮花丝中部以下合生。雌花：子房密被柔毛，3~5室，每室有1颗胚珠，花柱与子房室同数，2裂。核果近球状，果皮光滑。①②③

相近种 **木油桐** ***Vernicia montana*** Lour. 花雌雄异株或同株异序。花瓣白色或基部紫红色，倒卵形或倒卵状披针形④。

zhōnghuáshégēncǎo

中华蛇根草

Ophiorrhiza chinensis H. S. Lo

科属：茜草科，蛇根草属。
生境：阔叶林下的潮湿沃土上。
花期：冬春。

多年生草本。叶纸质，披针形至卵形，顶端渐尖，基部楔尖，很少圆钝，全缘；侧脉上面明显，下面凸起。花序顶生，通常多花，初时弯卷，后变直立；花二型：长柱花萼管近陀螺形有 5 棱，裂片 5 枚；花冠白色或微染紫红色，管状漏斗形，裂片 5 枚，有喙，柱头深 2 裂；短柱花花冠中部无毛环。①②③

相近种　**日本蛇根草** ***Ophiorrhiza japonica*** Blume 聚伞花序顶生，二歧分枝，分枝短，有花 5~10 朵，花冠漏斗状；长柱花的柱头和短柱花的花药均内藏④。

bǎihé

百合

***Lilium brownii* var. *viridulum* Baker**

科属：百合科，百合属。

生境：山坡草丛、疏林、沟旁、地边。

花期：5~6 月。

多年生球根草本花卉。茎直立，不分枝。地下具鳞茎。叶倒披针形至倒卵形，散生。花呈总状花序，簇生或单生于茎秆顶端。花冠较大，花筒较长，呈漏斗形喇叭状，6 裂；无萼片；因茎秆纤细，花朵大，开放时常下垂或平伸，因品种不同而花色多样。①②

相近种　**野百合** ***Lilium brownii*** F. E. Br. ex Miellez 叶披叶针形、窄披针形至条形③。**卷丹** ***Lilium tigrinum*** Ker Gawl. 花不为喇叭形或钟形，花被片反卷，雄蕊上端常向外张开④。

yùzān

玉簪

Hosta plantaginea (Lam.) Asch.

科属：百合科，玉簪属。

生境：林下、草坡或岩石边。

花期：8~10 月。

多年生草本。根状茎粗厚。叶卵状心形、卵形或卵圆形，先端近渐尖，基部心形；具长叶柄。花莛具数花至 10 余朵花，外苞片卵形或披针形，内苞片很小；花单生或 2~3 朵簇生，白色，芳香；花梗短；雄蕊与花被近等长或略短，基部贴生花被管。蒴果圆柱状，有 3 棱。①②③

相近种　**紫萼** ***Hosta ventricosa*** (Salisb.) Stearn 花单生，较小，盛开时从花被管向上骤然作近漏斗状扩大，紫红色④。

hòupò

厚朴

Houpoea officinalis

(Rehder & E. H. Wilson) N. H. Xia & C. Y. Wu

科属：木兰科，厚朴属。

生境：山地林间。

花期：5~6 月。

落叶乔木。叶大，近革质，7~9 枚聚生于枝端，长圆状倒卵形，先端具短急尖或圆钝，基部楔形，全缘而微波状，上面绿色，下面灰绿色，被灰色柔毛，有白粉；叶柄粗壮，托叶痕长为叶柄的 2/3。花白色，芳香；花被片 9~12 枚，厚肉质，外轮 3 枚淡绿色，长圆状倒卵形；内两轮白色，倒卵状匙形，基部具爪；花丝红色；雌蕊群椭圆状卵圆形。聚合果长圆状卵圆形；蓇葖具喙；种子三角状倒卵形。①②③④

yīniánpéng

野蒿，治疟草 **一年蓬**

Erigeron annuus (L.) Pers.

科属：菊科，飞蓬属。

生境：路边旷野或山坡荒地。

花期：6~9 月。

一年生或二年生草本。基部叶长圆形或宽卵形，基部窄成具翅长柄，具粗齿；下部茎生叶与基部叶同形，叶柄较短；中部和上部叶长圆状披针形或披针形；最上部叶线形。头状花序数个或多数，排成疏圆锥花序，总苞半圆形，淡绿色或多少褐色；外围雌花舌状，2 层，白色或淡天蓝色，线形，先端具 2 个小齿；中央两性花管状，黄色。①②③

相近种 **苏门白酒草** ***Erigeron sumatrensis*** Retz. 头状花序多数，在茎枝端排成圆锥花序；总苞片 3 层，灰绿色，线状披针形或线形④。

cìhuái

刺槐

Robinia pseudoacacia L.

科属：豆科，刺槐属。

生境：栽培或自生。

花期：4~6月。

落叶乔木。具托叶刺。羽状复叶；小叶2~12对，常对生，椭圆形至卵形，先端圆形，微凹，基部圆或宽楔形，全缘。总状花序腋生，下垂，花芳香。花萼斜钟形；花冠白色，花瓣均具瓣柄，旗瓣近圆形，反折，翼瓣斜倒卵形，与旗瓣几等长，龙骨瓣镰状，三角形；雄蕊二体。荚果线状长圆形，扁平。①②③

相近种　**槐** ***Sophora japonica*** L. 小叶先端渐尖；圆锥花序顶生，花冠乳白色或黄白色，荚果念珠状④。

guāngyègǒngtóng

光叶珙桐

Davidia involucrata
var. *vilmoriniana* (Dode) Wangerin

科属：蓝果树科，珙桐属。
生境：常与珙桐混生。
花期：4 月。

落叶乔木。叶纸质，互生，无托叶，常密集于幼枝顶端，阔卵形或近圆形，基部心脏形或深心脏形，边缘有三角形而尖端锐尖的粗锯齿；叶下面常无毛或幼时叶脉上被很稀疏的短柔毛及粗毛，有时下面被白霜。两性花与雄花同株，头状花序着生于幼枝的顶端，两性花位于花序的顶端，基部具纸质花瓣状淡绿色至乳白色的苞片 2~3 枚。①②③

相近种　**珙桐** ***Davidia involucrata*** Baill. 叶上面亮绿色，初被很稀疏的长柔毛，渐老时无毛，下面密被淡黄色或淡白色丝状粗毛④。

chǐbànhǔěrcǎo

齿瓣虎耳草 华中虎耳草

Saxifraga fortunei Hook.

科属：虎耳草科，虎耳草属。

生境：林下或石隙。

花期：6~7 月。

多年生草本。叶均基生，具长柄；叶片肾形至近心形，先端钝或急尖，基部心形，7~11 浅裂，浅裂片近阔卵形，边缘具齿。花葶被红褐色卷曲长腺毛；多歧聚伞花序圆锥状；苞片狭三角形，萼片在花期开展至反曲，近卵形，先端钝或急尖；花瓣白色至淡红色，5 枚，其中 3 枚较短，卵形；花柱 2 个，稍叉开。蒴果弯垂。①②③

相近种 **虎耳草** ***Saxifraga stolonifera*** Curtis 聚伞花序圆锥状，花两侧对称；花瓣白色，中上部具紫红色斑点，基部具黄色斑点④。

nántiānzhú

蓝田竹 **南天竹**

Nandina domestica Thunb.

科属：小檗科，南天竹属。
生境：山地林下沟旁、路边或灌丛中。
花期：3~6 月。

常绿小灌木。茎常丛生而少分枝，幼枝常为红色，老后呈灰色。叶互生，集生于茎的上部，三回羽状复叶；二至三回羽片对生；小叶薄革质，全缘，上面深绿色，冬季变红色，背面叶脉隆起；近无柄。圆锥花序直立；花小，白色；花瓣长圆形，先端圆钝；雄蕊 6 枚，花丝短，花药纵裂，药隔延伸；子房 1 室，具 1~3 粒胚珠。浆果圆形，熟时鲜红色，稀橙红色。种子扁圆形。①②③④

xiánglóngcǎo

降龙草 白观音扇，半蒴苣苔

Hemiboea subcapitata C. B. Clarke

科属：苦苣苔科，半蒴苣苔属。

生境：山谷林下或沟边阴湿处。

花期：8~10月。

多年生草本。茎具4~8节，不分枝，肉质，散生紫斑。叶对生；叶片椭圆形或倒卵状椭圆形，顶端急尖或渐尖，基部下延，全缘或有波状浅钝齿，稍肉质，上面深绿色，背面淡绿色或带紫色；叶柄具翅，翅合生成船形。聚伞花序假顶生或腋生，具花3~10余朵，具花序梗；总苞圆形，顶端具尖头，淡绿色，开放后呈船形。花冠白色，具紫色斑点。蒴果线状披针形，多少弯曲。①②③④

shéchúnlán

舌唇兰

Platanthera japonica (Thunb.) Lindl.

科属：兰科，舌唇兰属。
生境：山坡林下或草地。
花期：5~7 月。

地生草本。根状茎指状、近平展。茎粗壮，叶 3~6 枚，下部叶椭圆形或长椭圆形，基部鞘状抱茎，上部叶披针形。花序具 10~28 朵花。苞片窄披针形；花白色；中萼片舟状，卵形，侧萼片反折，斜卵形；花瓣直立，线形，与中萼片靠合呈兜状；唇瓣线形，肉质，先端钝；距下垂，细圆筒状至丝状，弧曲，较子房长；黏盘线状椭圆形。①②③④

dàbǎihé

大百合

Cardiocrinum giganteum (Wall.) Makino

科属：百合科，大百合属。

生境：林下草丛中。

花期：6~7 月。

茎直立，中空。小鳞茎卵形。叶纸质，网状脉，基生叶卵状心形或宽宽矩圆状心形，茎生叶卵状心形，向上渐小。总状花序，花狭喇叭形，白色，内具淡紫红色条纹；花丝向下渐扩大，扁平，子房圆柱形，柱头膨大微 3 裂。蒴果近圆形，具小尖突及粗短果柄，红褐色。种子呈扁钝三角形，红棕色，具淡红棕色半透明的膜质翅。①②③④

dàyèguìyīng

驳骨木，黑茶树 **大叶桂樱**

Laurocerasus zippeliana
(Miq.) Browicz

科属：蔷薇科，桂樱属。

生境：石灰岩山地阳坡杂木林或混交林中。

花期：

常绿乔木。叶革质，宽卵形、椭圆状长圆形或宽长圆形，先端急尖或短渐尖，基部宽楔形或近圆形，具粗锯齿；叶柄有 1 对扁平腺体；托叶线形，早落。总状花序单生或 2~4 个簇生叶腋。花萼被柔毛，萼筒钟形，萼片卵状三角形，先端圆钝；花瓣近圆形，长约为萼片 2 倍，白色。核果长圆形或卵状长圆形，顶端尖并具短尖头，熟时黑褐色；核壁稍具网纹。①②③④

duǎngěngchóulǐ

短梗稠李　短柄稠李

Padus brachypoda (Batalin) C. K. Schneid.

科属：蔷薇科，稠李属。

生境：山坡灌丛中或山谷和山沟林中。

花期：4~5 月。

乔木。叶长圆形，稀椭圆形，先端急尖或渐尖，稀短尾尖，基部圆形或微心形，平截，有贴生或开展锐锯齿，齿尖带短芒；具长叶柄。总状花序，基部有叶 1~3 枚；花序梗和花梗均被柔毛。萼筒钟状，萼片三角状卵形，有带腺细锯齿；花瓣白色，倒卵形；雄蕊 25~27 枚。核果圆形，幼时紫红色，老时黑褐色。①②③

相近种　**细齿稠李** ***Padus obtusata*** (Koehne) T. T. Yu & T. C. Ku 叶片较窄，边缘有细密锯齿④。

dùyīng

杜英

Elaeocarpus decipiens Hemsl.

科属：杜英科，杜英属。

生境：林中。

花期：6~7 月。

常绿乔木。叶革质，披针形或倒披针形，先端渐尖，基部下延，边缘有小钝齿；具叶柄。总状花序生于叶腋及无叶老枝上。花白色；萼片披针形；花瓣倒卵形，与萼片等长，上半部撕裂，裂片 14~16 枚；雄蕊 25~30 枚，花丝极短；花盘 5 裂。核果椭圆形，内果皮骨质，有多数沟纹。①②③

相近种　仿栗 ***Sloanea hemsleyana*** (Ito) Rehder & E. H. Wilson 总状花序顶生，萼片 4 枚，卵形；花瓣白色，与萼片等长，先端有撕裂状缺齿④。

gāocóngzhēnzhūméi

高丛珍珠梅 野生珍珠梅

Sorbaria arborea C. K. Schneid.

科属：蔷薇科，珍珠梅属。

生境：山坡林边、山溪沟边。

花期：6~7 月。

1

2

3

4

落叶灌木。幼枝微被星状毛或柔毛，渐脱落。羽状复叶具小叶 13~19 枚，小叶披针形至长圆状披针形，先端渐尖，基部宽楔形或圆形，有重锯齿，两面无毛或下面微具星状绒毛，小叶柄短或几无柄，托叶三角形，无毛。圆锥花序开展。花梗和花序梗微被星状柔毛；苞片线状披针形至披针形，微被短柔毛；萼片无毛；花瓣白色；雄蕊长于花瓣；花盘环状；心皮 5 枚，无毛，花柱长不及雄蕊 1/2。蓇葖果圆柱形，无毛，萼片宿存，反折，果柄弯曲。①②③④

héshǒuwū

何首乌

Fallopia multiflora (Thunb.) Haraldson

科属：蓼科，首乌属。
生境：山谷灌丛、山坡林下、沟边石隙。
花期：6~10 月。

多年生草质缠绕藤本。叶卵形或长卵形，基部心形或近心形。花序圆锥状，顶生或腋生，分枝开展；花被 5 深裂，白色或淡绿色；雄蕊 8 枚。瘦果卵形，具 3 棱。①②③

相近种　**牛皮消** ***Cynanchum auriculatum*** Royle ex Wight 聚伞花序总状。花萼裂片披针形，内面基部具 5 腺体；花冠白色、淡黄色、粉红色或紫色，辐状，花冠筒短，裂片披针形或披针状长圆形④。

jīgǔchái

鸡骨柴 山野坝子，香芝麻叶

Elsholtzia fruticosa (D. Don) Rehder

科属：唇形科，香薷属。

生境：山谷、路旁、开旷山坡及草地中。

花期：7~9 月。

灌木。多分枝。幼枝被白色卷曲柔毛，老时脱落无毛。叶披针形或椭圆状披针形，长 6~13 厘米，先端渐尖，基部窄楔形，基部以上具粗锯齿，上面被糙伏毛，下面被弯曲短柔毛，两面密被黄色腺点，侧脉 6~8 对；叶柄短或近无。穗状花序圆柱形；花萼钟形，被灰色短柔毛；花冠白色或淡黄色，被卷曲柔毛及黄色腺点，内面具毛环，上唇直伸，先端微缺，下唇中裂片圆形。小坚果褐色，腹面具棱。①②③④

jīshǐténg

鸡矢藤

Paederia foetida L.

科属：茜草科，鸡矢藤属。
生境：山地灌丛中或缠绕在灌木上。
花期：5~7月。

藤本。叶对生，纸质或近革质，形状变化很大，卵形、卵状长圆形至披针形，顶端急尖或渐尖，基部楔形或近圆形或截平，有时浅心形。圆锥花序式的聚伞花序腋生和顶生，扩展，分枝对生，末次分枝上着生的花常呈蝎尾状排列；萼管陀螺形，萼檐裂片5枚，裂片三角形；花冠浅紫色；小坚果无翅，浅黑色。①②③④

nuòmǐtiáo

糯米条

Abelia chinensis R. Br.

科属：北极花科，糯米条属。

生境：山地常见。

花期：8~9 月。

落叶灌木。叶有时 3 枚轮生，圆卵形或椭圆状卵形，疏生锯齿，花枝上部叶向上渐小。聚伞花序集合成圆锥状花簇；花芳香，具 3 对小苞片；萼筒圆柱形，萼檐 5 裂，果期红色；花冠白色或红色，漏斗状，为萼齿 1 倍，裂片 5 枚，圆卵形；花丝细长，伸出花冠筒外。①②

相近种　**蝟实** ***Kolkwitzia amabilis*** Graebn. 相邻两个果实合生，外被长刺刚毛；萼裂片 5 枚，花开后不增大③。**双盾木** ***Dipelta floribunda*** Maxim. 花冠粉红色；果实肉质，具宿存、大型的膜质翅状小苞片④。

pípá

卢橘 枇杷

Eriobotrya japonica (Thunb.) Lindl.

科属：蔷薇科，枇杷属。

生境：栽培或局地野生。

花期：10~12 月。

常绿小乔木。叶革质，披针形至椭圆状长圆形，先端急尖或渐尖，基部楔形或渐窄成叶柄，上部边缘有疏锯齿。圆锥花序顶生，具多朵花；总花梗和花梗密生锈色绒毛；萼筒浅杯状，萼片三角状卵形；苞片钻形，密生锈色绒毛；花瓣白色，长圆形或卵形，基部有爪；雄蕊 20 枚，花柱 5 个，离生。果圆形或长圆形，黄色或橘黄色。①②③④

qīyèshù

七叶树

Aesculus chinensis Bunge

科属：七叶树科，七叶树属。

生境：树林、灌丛、山地、路旁，或栽培。

花期：4~5 月。

落叶乔木。冬芽有树脂。掌状复叶具 5~7 枚小叶，具长叶柄；小叶纸质，长披针形或长倒披针形，稀长椭圆形，基部楔形或宽楔形；中间小叶柄长 1~1.8 厘米，侧生小叶柄较短。花序近圆柱形，各小花序具花 5~10 朵。花萼管状钟形，不等 5 裂；花瓣 4 枚，白色，长倒卵形或长倒披针形；雄蕊 6 枚。果圆形或倒卵形，密被斑点。种子 1~2 粒，近圆形，栗褐色。①②③④

sānzhījiǔyècǎo

三枝九叶草

Epimedium sagittatum
(Siebold & Zucc.) Maxim.

科属：小檗科，淫羊藿属。
生境：山坡、水沟边或岩边石缝中。
花期：4~5 月。

多年生草本。一回三出复叶基生及茎生，小叶革质，卵形至卵状披针形，先端急尖或渐尖，基部心形，顶生小叶基部两侧裂片近相等，圆形，侧生小叶基部高度偏斜；花茎具 2 枚对生叶。圆锥花序；花较小，白色；萼片 2 轮，外萼片 4 枚，先端钝圆，具紫色斑点，内萼片卵状三角形，先端急尖，白色；花瓣囊状，淡棕黄色，先端钝圆。①②③

相近种　**淫羊藿** ***Epimedium brevicornu*** Maxim. 花白色或淡黄色，外萼片卵状三角形，暗绿色，内萼片披针形，白色或淡黄色，花瓣距呈圆锥状④。

shénnóngjiàyábáicài

神农架崖白菜

Triaenophora shennongjiaensis
X. D. Li, Y. Y. Zan & J. Q. Li

科属：玄参科，崖白菜属。
生境：岩壁上。
花期：7~9 月。

濒危种。多年生草本。根肉质。全株密被白色绵毛和腺毛。基生叶呈莲座状；叶片较厚，肉质或近肉质；叶片近矩圆形至阔卵状矩圆形。总状花序，顶生或腋生；花常一列偏于花茎一侧；小苞片条形，2 枚着生于花梗近中部；花萼绿色，筒状，萼齿 5 枚，各有 3 深裂；花冠筒狭长，伸直，乳白色或浅黄色；裂片 5 枚，上唇 2 枚，下唇 3 枚，冠筒内壁密被紫色斑块；雄蕊二强。①②③

相近种　呆白菜 ***Triaenophora rupestris*** (Hemsl.) Soler. 花冠紫红色，窄筒状④。

sōushū

溲疏

Deutzia scabra Thunb.

科属：虎耳草科，溲疏属。

生境：栽培或自生。

花期：5~6 月。

落叶灌木。叶对生，有短柄，卵形至卵状披针形，顶端尖，基部稍圆形，边缘有小齿，粗糙。直立圆锥花序，花白色或带粉红色斑点；花萼杯状，裂片三角形，早落，花瓣长圆形；花丝顶端有 2 枚长齿；花柱 3 个。①②

相近种　**小花溲疏** ***Deutzia parviflora*** Bunge 伞房花序，多花；花瓣白色，阔倒卵形或近圆形，先端圆，基部急收狭③。**大花溲疏** ***Deutzia grandiflora*** Bunge 聚伞花序，具花 1~3 朵；花瓣白色，长圆形或倒卵状长圆形，先端圆形，中部以下收狭④。

xiāngguǒshù

香果树 大叶水桐子，茄子树

Emmenopterys henryi Oliv.

科属：茜草科，香果树属。

生境：山谷林中。

花期：6~8 月。

近危种。落叶大乔木。叶宽椭圆形、宽卵形或卵状椭圆形，侧脉 5~9 对。花芳香，萼裂片近圆形，叶状萼裂片白色、淡红色或淡黄色，纸质或革质，匙状卵形或宽椭圆形，有纵脉数条；花冠漏斗形，白色或黄色，被黄白色绒毛，裂片近圆形。蒴果长圆状卵形或近纺锤形。①②③④

xīngxiùcài

星宿菜

Lysimachia fortunei Maxim.

科属：报春花科，珍珠菜属。
生境：沟边、田边等低湿处。
花期：6~8 月。

多年生草本。具横走根茎。叶互生，近无柄；叶长圆状披针形至窄椭圆形，先端渐尖或短渐尖，基部渐窄。总状花序顶生，苞片披针形；花梗与苞片近等长或稍短；花萼裂片卵状椭圆形，有黑色腺点；雄蕊内藏，花丝贴生花冠裂片下部，分离部分较短，花药卵圆形。蒴果。①②③

相近种　**腺药珍珠菜** ***Lysimachia stenosepala*** Hemsl. 总状花序顶生；雄蕊与花冠近等长，花丝贴生花冠裂片中下部，分离部分较长，花药线形，药隔顶端有红色腺体④。

yěshànhuā

野扇花 清香桂

Sarcococca ruscifolia Stapf

科属：黄杨科，野扇花属。

生境：山坡、林下或沟谷中。

花期：10月。

常绿灌木。分枝密。幼枝被毛。叶革质，卵形、宽椭圆状卵形、椭圆状披针形或窄披针形，先端渐尖或尖，基部楔形或圆形，中脉被微毛或无毛，离基三出脉；叶柄长3~6毫米。花序腋生，短总状或复总状，花序轴被微毛；苞片披针形或卵状披针形。花白色，芳香；雄花萼片3~5枚，宽椭圆形或卵形；雌花具小苞片多枚，窄卵形，覆瓦状排列。果红色至暗红色，圆形，宿存花柱2~3个。①②③④

chuíxùshānglù

美洲商陆，洋商陆　垂序商陆

Phytolacca americana L.

科属：商陆科，商陆属。

生境：栽培或逸生。

花期：6~8 月。

多年生草本。根粗壮，肥大，倒圆锥形。茎直立，圆柱形，有时带紫红色。叶片椭圆状卵形或卵状披针形，顶端急尖，基部楔形；具叶柄。总状花序顶生或侧生；花白色，微带红晕；花被片 5 枚，雄蕊、心皮及花柱通常均为 10 枚，心皮合生。果序下垂；浆果扁圆形，熟时紫黑色；种子肾圆形。①②③

相近种　商陆 ***Phytolacca acinosa*** Roxb. 总状花序圆柱状，直立，多花密生。花被片 5 枚，白色或黄绿色，椭圆形或卵形，花后常反折④。

nánzhú

南烛 苞越橘，乌饭叶

Vaccinium bracteatum Thunb.

科属：杜鹃花科，越橘属。

生境：山地，常见于山坡林内或灌丛中。

花期：6~7 月。

常绿灌木或小乔木。叶椭圆形至披针形，薄革质，先端尖，基部楔形，有细齿。总状花序被柔毛；苞片披针形，边缘有齿；小苞片 2 枚。花梗和萼筒密被柔毛，稀近无毛，萼齿短小；花冠白色。筒状，密被柔毛，裂片短小，外折；雄蕊内藏，药室背部无距，药管长为药室 2~2.5 倍。浆果紫黑色。①②③

相近种 **美丽马醉木** ***Pieris formosa*** (Wall.) D. Don 萼片披针形，花冠筒形坛状或坛状，裂片近圆形；果为蒴果，最终开裂④。

guǐdēngqíng

鬼灯檠

Rodgersia podophylla A. Gray

科属：虎耳草科，鬼灯檠属。
生境：山坡阴湿处。
花期：6~7 月。

多年生草本。根状茎粗壮，横走。茎无毛。基生叶少数，具长柄，为掌状复叶，小叶片 5~7 枚，近倒卵形，边缘有粗锯齿，腹面无毛，背面沿脉疏生柔毛；叶柄长 15~30 厘米，疏生柔毛，基部扩大呈鞘状，边缘具长睫毛；茎生叶互生，较小。圆锥花序顶生；花梗和花序轴均密被鳞片状毛；萼片 5~7 枚，白色；花瓣不存在；雄蕊通常 10 枚；心皮 2 枚，下部合生，子房近上位，卵圆形。蒴果。①②③④

xiǎoguǒbóluòhuí

小果博落回 吹火筒，野麻子

Macleaya microcarpa (Maxim.) Fedde

科属：罂粟科，博落回属。

生境：山坡路边草地或灌丛中。

花期：6~10月。

亚灌木状草本。叶宽卵形或近圆形，先端尖、钝或圆，基部心形，7深裂或浅裂，裂片半圆形或扇形，边缘波状，具齿；具长叶柄，无沟槽。圆锥花序，具花梗。花芽圆柱形；萼片窄长圆形，舟状；雄蕊8~12枚，花丝短于花药。果近圆形。①②③

相近种 **博落回** ***Macleaya cordata*** (Willd.) R. Br. 萼片倒卵状长圆形，舟状，黄白色；雄蕊24~30枚，花药与花丝近等长④。

yánfūmù

倍子柴，五倍子树 **盐麸木**

Rhus chinensis Mill.

科属：漆树科，盐麸木属。
生境：向阳山坡、沟谷、溪边。
花期：8~9 月。

小乔木或灌木状。复叶具 7~13 枚小叶，叶轴具叶状宽翅，小叶椭圆形或卵状椭圆形，具粗锯齿。圆锥花序，雄花序较雌花序长。花白色，苞片披针形，花萼裂片长卵形，花瓣倒卵状长圆形，外卷；雌花退化雄蕊极短。核果红色，扁圆形。①②

相近种 **红麸杨** ***Rhus punjabensis*** var. ***sinica*** (Diels) Rehder & E. H. Wilson 小叶 3~6 对，较宽，叶背常变红色，无柄③。**青麸杨** ***Rhus potaninii*** Maxim. 小叶全缘，3~5 对，较窄，小叶柄显著④。

chájiámí

茶荚蒾 垂果荚蒾，鸡公柴

Viburnum setigerum Hance

科属：五福花科，荚蒾属。

生境：山谷溪涧旁疏林或山坡灌丛中。

花期：4~5 月。

落叶灌木。叶纸质，卵状矩圆形至卵状披针形，顶端渐尖，基部圆形，边缘基部除外疏生尖锯齿。复伞形式聚伞花序有极小红褐色腺点，常弯垂，花生于第 3 级辐射枝上；花冠白色，比筒长；雄蕊与花冠几等长；花柱不高出萼齿。果序弯垂，果实红色，卵圆形。①②

相近种 **烟管荚蒾** ***Viburnum utile*** Hemsl. 花冠白色，花蕾时带淡红色③。**宜昌荚蒾** ***Viburnum erosum*** Thunb. 花生于第 2~3 级辐射枝，常有长梗；萼筒筒状，萼齿卵状三角形；花冠白色，辐状④。

jiámí

荚蒾

Viburnum dilatatum Thunb.

科属：五福花科，荚蒾属。

生境：山坡或山谷林地及灌丛中。

花期：5~6 月。

落叶灌木。叶纸质，倒卵形，顶端急尖，基部圆形或微心形，有时楔形，边缘具齿，齿端突尖。复伞形式聚伞花序稠密，生于具 1 对叶的短枝之顶，花生于第 3~4 级辐射枝上；花冠白色，辐状；雄蕊明显高出花冠；花柱高出萼齿。果实红色。①②

相近种　**蝴蝶戏珠花** ***Viburnum plicatum*** f. ***tomentosum*** Rehder 花外围有 4~6 朵白色、大型的不孕花，不整齐 4~5 裂③。**桦叶荚蒾** ***Viburnum betulifolium*** Batalin 花冠白色，裂片圆卵形，比筒部长；雄蕊常高出花冠④。

jìmù

檵木

Loropetalum chinense (R. Br.) Oliv.

科属：金缕梅科，檵木属。

生境：向阳丘陵山地或马尾松及杉林下。

花期：3~4 月。

灌木。有时为小乔木。叶革质，卵形，先端尖锐，基部钝，不等侧，全缘。花 3~8 朵簇生，有短花梗，白色，比新叶先开放，或与嫩叶同时开放；萼筒杯状，萼齿卵形；花瓣 4 枚，带状，先端圆或钝；雄蕊 4 枚，花丝极短；退化雄蕊 4 枚，与雄蕊互生；子房完全下位；花柱极短。蒴果卵圆形，先端圆。①②③

相近种　**红花檵木** ***Loropetalum chinense*** var. ***rubrum*** Yieh 花瓣 4 枚，带状，红色④。

jīndēngténg

金丝藤，日本菟丝子 **金灯藤**

Cuscuta japonica Choisy

科属：旋花科，菟丝子属。
生境：寄生于草本或灌木上。
花期：8 月。

一年生寄生草本。茎缠绕，肉质，较粗壮，黄色，常被紫色、红色瘤点，多分枝，无叶。穗状花序。花冠白色，钟形，顶端 5 浅裂，裂片卵状三角形，花柱合生为 1 个。蒴果卵圆形，近基部周裂。①②③

相近种 **菟丝子** ***Cuscuta chinensis*** Lam. 花序侧生，伞团花序，花序无梗；花冠白色，壶形，裂片三角状卵形，先端反折；雄蕊生于花冠喉部，边缘流苏状；柱头球形④。

shuǐmá

水麻 赤麻，柳莓，水冬瓜

Debregeasia orientalis C. J. Chen

科属：荨麻科，水麻属。

生境：溪谷河流两岸潮湿地区。

花期：3~4 月。

灌木。叶纸质，披针形，先端渐尖或短，基部圆或宽，具不等细齿。花雌雄异株，稀同株，生于老枝叶腋，分枝顶端生球状团伞花簇。雄花花被片 4 枚，下部合生，裂片三角状卵形。雌花倒卵形，花被薄膜质紧贴子房，顶端有 4 枚齿。瘦果倒卵圆形，鲜时橙黄色，宿存花被肉质紧贴生于果实。①②

相近种　**糯米团** ***Gonostegia hirta*** (Blume) Miq. 花雌雄异株，团伞花序③。**紫麻** ***Oreocnide frutescens*** (Thunb.) Miq. 柱头盾状；雌花与果具肉质花托④。

shuǐtuánhuā

假马烟树，水杨梅 水团花

Adina pilulifera (Lam.) Franch. ex Drake

科属：茜草科，水团花属。
生境：山谷疏林下或旷野路旁、溪边水畔。
花期：6~7月。

常绿灌木或小乔木。叶对生，厚纸质，椭圆形、椭圆状披针形、倒卵状长圆形或倒卵状披针形，长 4~12 厘米，先端短尖或渐尖，基部楔形，上面无毛，下面无毛或被疏柔毛，侧脉 6~12 对，脉腋有疏毛。头状花序腋生，稀顶生；花序轴单生，不分枝；小苞片线形或线状棒形，无毛；花序梗长中部以下有轮生小苞片 5 枚。萼筒被毛，萼裂片线状长圆形或匙形；花冠白色，窄漏斗状，冠筒被微柔毛，裂片卵状长圆形。果序径 0.8~1 厘米。①②③④

zhōnghuáxiùxiànjú

中华绣线菊 华绣线菊，铁黑汉条

Spiraea chinensis Maxim.

科属：蔷薇科，绣线菊属。

生境：山坡灌丛中、溪边、田野路旁。

花期：3~6 月。

灌木。叶菱状卵形或倒卵形，先端急尖或圆钝，基部宽楔形或圆形，有缺刻状粗齿，或不明显 3 裂。伞形花序具 16~25 朵花。萼筒钟状，萼片卵状披针形；花瓣近圆形，白色；雄蕊短于花瓣或与花瓣等长，花盘波状环形或具不整齐裂片；花柱短于雄蕊。①②

相近种 **粉花绣线菊** ***Spiraea japonica*** L. f, 花瓣卵形或圆形，粉红色；雄蕊远长于花瓣；花盘环形③。**土庄绣线菊** ***Spiraea pubescens*** Turcz. 叶片边缘自中部以上有深刻锯齿，有时 3 裂；花瓣卵形，白色④。

dēngtáishù

六角树，瑞木 **灯台树**

Cornus controversa Hemsl.

科属：山茱萸科，山茱萸属。
生境：常绿阔叶林或针阔叶混交林中。
花期：5~6 月。

落叶乔木。树皮光滑，当年生枝紫红绿色。叶互生，纸质，阔卵形至披针状椭圆形，先端突尖，基部圆形或急尖，全缘，中脉至叶柄紫红色。顶生伞房状聚伞花序，花小，白色，4 数，花萼裂片三角形，长于花盘，花瓣长圆披针形，先端钝尖；雄蕊与花瓣同数互生，花丝白色。核果圆形，成熟时紫红色至蓝黑色。①②③

相近种 **光皮梾木** ***Cornus wilsoniana*** Wangerin 树皮灰色至青灰色，块状剥落；幼枝灰绿色，略具 4 棱④。

dōnglíngxiùqiú

东陵绣球 东陵八仙花

Hydrangea bretschneideri Dippel

科属：虎耳草科，绣球属。

生境：山谷溪边或山坡密林或疏林中。

花期：6~7月。

灌木。叶薄纸质，卵形至倒长卵形，先端渐尖，具短尖头，基部宽楔形或近圆形，有小锯齿。伞房状聚伞花序较短小，分枝3条。不育花萼片4枚；孕性花萼筒杯状，萼齿三角形；花瓣分离，白色，卵状披针形或长圆形。蒴果近圆形。①②

相近种　**绣球** ***Hydrangea macrophylla*** (Thunb.) Ser. 伞房状聚伞花序近球形或头状，分枝粗，近等长，花密集③。**蜡莲绣球** ***Hydrangea strigosa*** Rehder 不育花萼片4~5枚，阔卵形，基部具爪，白色或淡紫红色；孕性花淡紫红色④。

fēngdǒucài

八角亭，水钟流头 **蜂斗菜**

Petasites japonicus

(Siebold & Zucc.) Maxim.

科属：菊科，蜂斗菜属。

生境：溪流边、草地或灌丛中，常栽培。

花期：4~5月。

多年生草本。雄株花茎被褐色柔毛；苞叶长圆形紧贴花葶。基生叶质薄，圆形或肾状圆形，不裂，有细齿，基部深心形，具长柄。头状花序密集成密伞房状，小花同形；总苞筒状；全部小花管状，两性，不结实，花冠白色，有宽长圆形附片。雌性花葶有密苞片；花序密伞房状，花后成总状；具异形小花，雌花多数，花冠丝状，花柱伸出花冠。①②③

相近种 **款冬** ***Tussilago farfara*** L. 头状花序单生花葶顶端，总苞钟状，边缘有多层雌花，花冠舌状，黄色④。

jiēgǔcǎo

接骨草 陆英，蒴藋

Sambucus javanica Blume

科属：五福花科，接骨木属。

生境：山坡林下、沟边、草丛，或栽培。

花期：4~5 月。

高大草本。茎髓部白色。羽状复叶，小叶 2~3 对，互生或对生，窄卵形，具细锯齿。复伞形花序顶生，总花梗基部托以叶状总苞片，分枝 3~5 条，纤细。杯形不孕性花宿存，可孕性花小；萼筒杯状，萼齿三角形；花冠白色，基部联合；花药黄色或紫色；子房 3 室。果熟时红色，近圆形。①②③

相近种　**接骨木** ***Sambucus williamsii*** Hance 落叶灌木或小乔木。羽状复叶有小叶 2~3 对，叶搓揉后有臭气。圆锥形聚伞花序顶生④。

yěhúluóbo

野胡萝卜

Daucus carota L.

科属：伞形科，胡萝卜属。
生境：山坡路旁、旷野或田间。
花期：5~7 月。

二年生草本。基生叶长圆形，二至三回羽状全裂，小裂片线形或披针形，先端尖；茎生叶近无柄，小裂片细小。复伞形花序，叶状总苞片多数，羽裂；伞辐多数，小总苞片线形，不裂或 2~3 裂。花白色，有时带淡红色。果圆卵形，棱有白色刺毛。①②③

相近种　**小窃衣** ***Torilis japonica*** (Houtt.) DC. 复伞形花序；伞形花序有花 4~12 朵。萼齿三角状披针形；花瓣被平伏细毛，先端有内折小舌片④。

báiqūcài

白屈菜 断肠草，见肿消

Chelidonium majus L.

科属：罂粟科，白屈菜属。

生境：山坡、山谷林缘草地或路旁、石缝。

花期：4~9 月。

多年生草本。蓝灰色，具黄色汁液。基生叶倒卵状长圆形或宽倒卵形，羽状全裂，裂片 2~4 对，倒卵状长圆形，具不规则深裂或浅裂，裂片具圆齿，叶柄明显；茎生叶互生，具短柄。花多数，伞形花序腋生；具苞片。花瓣 4 枚，倒卵形，黄色；雄蕊多数；花柱明显，柱头 2 裂。蒴果窄圆柱形，近念珠状，具柄，柱头宿存。①②③

相近种 **金罂粟** ***Stylophorum lasiocarpum*** (Oliv.) Fedde 茎直立，具血红色液汁。基生叶数枚，大头羽状深裂。花瓣黄色，倒卵形④。

jūnqiānzǐ

君迁子

黑枣，牛奶柿

Diospyros lotus L.

科属：柿树科，柿树属。

生境：山地灌丛或林缘。

花期：5~6 月。

落叶乔木。树皮灰黑色或灰褐色，深裂或不规则的厚块状剥落。叶近膜质，椭圆形或长椭圆形，先端渐尖，基部宽楔形或近圆形。花冠壶形，花 4 数，雄花腋生、单生或数花簇生，带红色或淡黄色，雄蕊 16 枚，子房退化。雌花单生，淡绿色或带红色，退化雄蕊 8 枚，花柱 4 个。果近圆形，初熟时为淡黄色，后则变为蓝黑色，常被有白色薄蜡层。①②③

相近种　**柿** ***Diospyros kaki*** Thunb. 花冠钟状，大，4 裂，裂片卵形或心形；果形大小形态多样④。

liánqiáo

连翘 黄花杆，黄寿丹

Forsythia suspensa (Thunb.) Vahl

科属：木犀科，连翘属。

生境：山地灌丛、林下或草丛中。

花期：3~4 月。

落叶灌木。小枝略呈四棱形，疏生皮孔，节间中空。叶通常为单叶，或 3 裂至三出复叶，叶片卵形、宽卵形或椭圆状卵形至椭圆形，长 2~10 厘米，宽 1.5~5 厘米，先端锐尖，基部圆形、宽楔形至楔形，叶缘除基部外具锐锯齿或粗锯齿，上面深绿色，下面淡黄绿色，两面无毛。花通常单生或 2 至数朵着生于叶腋，先于叶开放；花冠黄色，裂片倒卵状长圆形或长圆形。果卵圆形、卵状椭圆形或长椭圆形，先端喙状渐尖，表面疏生皮孔。①②③④

chuípéncǎo

垂盆草

豆瓣菜，佛甲草

Sedum sarmentosum Bunge

科属：景天科，景天属。

生境：山坡阳处或石上。

花期：5~7 月。

多年生草本。3 叶轮生，叶倒披针形或长圆形，基部骤窄，有距。聚伞花序，有 3~5 条分枝，花少，萼片 5 枚，披针形或长圆形，花瓣 5 枚，黄色，披针形或长圆形，先端短尖；雄蕊 10 枚，较花瓣短。①②

相近种　**佛甲草** ***Sedum lineare*** Thunb.3 叶轮生，少有 4 叶轮生或对生的，叶线形。萼片 5 枚，线状披针形，无距；花瓣 5 枚，黄色③。**凹叶景天** ***Sedum emarginatum*** Migo 叶对生，匙状倒卵形至宽卵形，先端圆，有微缺，基部渐狭，有短距④。

cùjiāngcǎo

酢浆草 鸠酸，酸味草

Oxalis corniculata L.

科属：酢浆草科，酢浆草属。

生境：山坡、河谷、路边、荒地等处。

花期：2~9 月。

草本。根茎稍肥厚。茎细弱，直立或匍匐。叶基生，茎生叶互生，小叶 3 枚，倒心形，先端凹下。花单生或数朵组成伞形花序状。萼片 5 枚，披针形或长圆状披针形，花瓣 5 枚，黄色，长圆状倒卵形；雄蕊 10 枚，基部合生，长短相间，花柱 5 个。蒴果长圆柱形，具 5 条棱。①②

相近种　**天蓝苜蓿** ***Medicago lupulina*** L. 花极小，成头状，蝶形花，花冠黄色③。**山酢浆草** ***Oxalis griffithii*** Edgew. & Hook. f. 花瓣白色具紫色脉纹，稀粉红色④。

dìtánghuā

鸡蛋黄花，土黄条 # 棣棠花

Kerria japonica (L.) DC.

科属：蔷薇科，棣棠花属。

生境：山坡灌丛中。

花期：4~6 月。

落叶灌木。小枝绿色，常拱垂。叶互生，三角状卵形或卵圆形，顶端长渐尖，基部圆形至微心形，边缘有尖锐重锯齿。单花，着生在当年生侧枝顶端；萼片卵状椭圆形，果时宿存，花瓣黄色，宽椭圆形，顶端下凹。瘦果倒卵形至半圆形，褐色或黑褐色。①②③④

guòlùhuáng

过路黄 金钱草，铺地莲

Lysimachia christiniae Hance

科属：报春花科，珍珠菜属。

生境：沟边、路旁阴湿处和山坡林下。

花期：5~7 月。

多年生草本。茎柔弱，平卧延伸。叶对生，卵圆形至肾圆形，先端锐尖或圆钝至圆形，基部截形至浅心形。花单生叶腋，花萼分裂至近基部，花冠黄色，基部合生，质地稍厚，具黑色长腺条；花丝下半部合生成筒，子房卵珠形。蒴果圆形，有稀疏黑色腺条。①②③

相近种　**巴东过路黄** ***Lysimachia patungensis*** Hand.-Mazz. 花 2~4 朵集生于茎端和枝端；无苞片。花梗长 0.6~2.5 厘米，密被铁锈色柔毛；花冠黄色，内面基部橙红色④。

huángjīng

笔管菜，黄鸡菜 **黄精**

Polygonatum sibiricum Redoute

科属：百合科，黄精属。

生境：林下、灌丛或山坡阴处。

花期：5~6月。

多年生草本。根状茎圆柱状，节膨大，节间一头粗、一头细，粗头有短分枝。茎有时攀缘状。叶4~6枚轮生，线状披针形，先端拳卷或弯曲。花序常具2~4朵花，成伞状，花序梗长1~2厘米。花梗长俯垂；苞片膜质；花被乳白色或淡黄色，花被筒中部稍缢缩。浆果成熟时黑色，具4~7粒种子。①②③

相近种　湖北黄精 ***Polygonatum zanlanscianense*** Pamp. 花序具花2~11朵，近伞形。花被白色、淡黄绿色或淡紫色，花被筒近喉部稍缢缩④。

huázhōngwǔwèizǐ

华中五味子

Schisandra sphenanthera

Rehder & E. H. Wilson

科属：五味子科，五味子属。

生境：湿润山坡边或灌丛中。

花期：4~7 月。

落叶木质藤本。芽鳞具长缘毛。叶纸质，倒卵形至圆形，先端短骤尖或渐尖，基部楔形或宽楔形，下延至叶柄成窄翅。花生于小枝近基部叶腋。花被片 5~9 枚，橙黄色，近相似，椭圆形或长圆状倒卵形。雄花雄蕊群倒卵圆形，花托圆柱形，顶端伸长；雌花雌蕊群卵圆形，单雌蕊 30~60 枚。聚合果，小浆果红色。①②③④

jīnlùméi

金老梅，药王茶 **金露梅**

Potentilla fruticosa L.

科属：蔷薇科，委陵菜属。

生境：山坡草地、砾石坡、灌丛及林缘。

花期：6~9 月。

小灌木。多分枝。奇数羽状复叶，小叶通常 5 枚，长圆形，先端锐尖，基部楔形，边全缘；叶柄短；托叶膜质，卵形或卵状披针形，下部与叶柄愈合。花单生于叶腋或顶生数朵成伞房花序；花黄色；副萼片披针形至条形，先端尖或偶尔 2 裂，比萼片短或近等长，萼片三角状卵圆形或卵形，淡褐黄色；花瓣圆形，比萼片约长 3 倍。瘦果卵圆形，棕褐色。①②③

相近种 **银露梅** ***Potentilla glabra*** Lodd. 萼片卵形，副萼片披针形至卵形；花瓣白色，倒卵形④。

jīnsītáo

金丝桃 金丝莲，金线蝴蝶

Hypericum monogynum L.

科属：藤黄科，金丝桃属。

生境：山坡、路旁或灌丛中。

花期：5~8 月。

灌木。叶倒披针形、椭圆形或长圆形。花单生或组成顶生聚伞花序。花瓣金黄色或橙黄色，宽倒卵形。雄蕊多数，基部合生成 5 束，与花瓣等长或稍长。蒴果宽卵圆形。①②

相近种　**金丝梅** ***Hypericum patulum*** Thunb. 花序伞房状，具花 1~15 朵。花瓣金黄色，内弯，长圆状倒卵形或宽卵形③。**元宝草** ***Hypericum sampsonii*** Hance 花序基部杯状，花瓣淡黄色，椭圆状长圆形，宿存④。

máogèn

老虎脚迹，五虎草 **毛茛**

Ranunculus japonicus Thunb.

科属：毛茛科，毛茛属。

生境：田沟旁和林缘路边的湿草地上。

花期：4~8 月。

多年生草本。根茎短。茎中空。基生叶数枚，心状五角形，3 深裂，中裂片楔状菱形或菱形，3 浅裂，具不等牙齿，侧裂片斜扇形，不等 2 裂，茎生叶渐小。花序顶生，具花 3~15 朵，萼片 5 枚，卵形，花瓣 5 枚，倒卵形；雄蕊多数，花柱宿存。瘦果扁，斜宽倒卵圆形，具窄边。①②③

相近种 石龙芮 ***Ranunculus sceleratus*** L. 瘦果卵圆形或稍扁而臌凸，花瓣蜜槽呈点状或杯状袋穴④。

xìngcài

荇菜 金莲子，莲叶荇菜

Nymphoides peltata (S. G. Gmel.) Kuntze

科属：睡菜科，荇菜属。

生境：池塘或不甚流动的河溪中。

花期：4~10 月。

多年生水生草本。上部叶对生，下部叶互生，叶片漂浮，近革质，圆形或卵圆形，全缘。花常多数，簇生节上，5 数；花冠金黄色，分裂至近基部，冠筒短，裂片宽倒卵形，先端圆形或凹陷，中部质厚的部分卵状长圆形，边缘宽膜质，近透明，具不整齐的细条裂齿；雄蕊着生于冠筒上，整齐。蒴果椭圆形，宿存花柱，成熟时不开裂。①②③

相近种　莼菜 ***Brasenia schreberi*** J. F. Gmel. 花小，单生叶腋；花被片 6 枚，2 轮，条形，暗紫色④。

zhōnghuámíhóutáo

中华猕猴桃

Actinidia chinensis Planch.

科属：猕猴桃科，猕猴桃属。
生境：背风向阳环境低山区的山林中。
花期：4~5 月。

落叶藤本。髓心片层状。叶纸质，宽卵圆形或椭圆形，先端短渐尖或钝圆、微凹或平截；叶基部楔状稍圆形、平截至浅心形；具睫状细齿。聚伞花序 1~3 朵花。苞片卵形或钻形；花初白色，后橙黄色；具花梗；萼片 3~7 枚，宽卵形或卵状长圆形；花瓣 3~7 枚，宽倒卵形，具短距。果黄褐色，近圆形，具淡褐色斑点，宿萼反折。①②③④

ézhǎngqiū

鹅掌楸

Liriodendron chinense (Hemsl.) Sarg.

科属：木兰科，鹅掌楸属。

生境：山地林中。

花期：5 月。

乔木。小枝灰色或灰褐色。叶马褂形，两侧中下部各具 1 枚较大裂片，先端具 2 浅裂，下面苍白色，被乳头状白粉。花杯状；花被片 9 枚，外轮绿色，萼片状，向外弯垂，内 2 轮直立，花瓣状，倒卵形，绿色，具黄色纵条纹；雄蕊多数；心皮多数，黄绿色。聚合果纺锤形，具翅小坚果长，顶端钝或钝尖。①②③④

lamei

蜡梅

Chimonanthus praecox (L.) Link

科属：蜡梅科，蜡梅属。
生境：山地林中。
花期：11 月至翌年 3 月。

落叶小乔木或灌木状。鳞芽被短柔毛。叶纸质，卵圆形至椭圆形，先端尖或渐尖，稀尾尖。花着生于第二年生枝条叶腋内，先花后叶，芳香；花被片黄色，圆形、长圆形、倒卵形、椭圆形或匙形，内花被片较短，基部具爪；雄蕊 5~7 枚，花丝不短于花药，花药内弯，药隔顶端短尖；心皮 7~14 枚，花柱较子房长 3 倍。果托坛状，近木质，口部缢缩。①②③④

huángxīnyèhé

黄心夜合 马氏含笑

Michelia martini

(H. Lév.) Finet & Gagnep. ex H. Lév.

科属：木兰科，含笑属。

生境：林间。

花期：2~3 月。

易危种。常绿乔木。叶革质，倒披针形或窄倒卵状椭圆形，先端骤尖或短尾尖，基部楔形或宽楔形。花芳香，淡黄色。花梗粗，密被黄褐色绒毛；花被片 6~8 枚，外轮倒卵状或圆形，内轮倒披针形，花丝紫色；雌蕊群长约 3 厘米，花柱约与子房等长，胚珠 8~12 粒。聚合果扭曲，蓇葖腹缝背缝开裂，皮孔白色，顶端具短喙。①②③

相近种　**巴东木莲** ***Manglietia patungensis*** Hu 花顶生，白色，芳香，花被片 9 枚，花药紫红色④。

púrgēn

蒲儿根

Sinosenecio oldhamianus
(Maxim.) B. Nord.

科属：菊科，蒲儿根属。
生境：林缘、溪边、潮湿岩石边等处。
花期：1~12 月。

一年生或二年生草本。基部叶在花期凋落，具长叶柄；茎叶具柄，卵状圆形至卵状披针形，顶端尖或渐尖，基部心形，边缘具齿；最上部叶卵形或卵状披针形。头状花序多数排列成顶生复伞房状花序；总苞宽钟状，苞片紫色；舌状花约 13 朵，黄色，长圆形；管状花多数，花冠黄色。①②③④

yějú

野菊 菊花脑，疟疾草

Chrysanthemum indicum L.

科属：菊科，菊属。

生境：山坡、水湿地、滨海盐渍地等处。

花期：6~11月。

多年生草本。基生叶脱落；茎生叶卵形或矩圆状卵形，羽状深裂，先端裂片大，裂片边缘均有浅裂或锯齿；上部叶渐小。头状花序生茎枝顶端，排列成伞房状圆锥花序或不规则伞房花序；舌状花黄色，1~2层，无雄蕊；中央为管状花，深黄色，先端5齿裂，雄蕊5枚，聚药，花丝分离；雌蕊1枚，花柱细长。瘦果全部同型。①②③

相近种　**太行菊** ***Opisthopappus taihangensis*** (Ling) C. Shih 舌状花粉红色或白色，舌片线形，先端3浅齿裂；管状花黄色④。

kǔjùcài

滇苦荬菜 **苦苣菜**

Sonchus oleraceus L.

科属：菊科，苦苣菜属。
生境：山坡、山谷或平地、空旷处。
花期：5~12 月。

一年生或二年生草本。基生叶羽状深裂，叶形变异极大；茎生叶羽状深裂或大头状羽状深裂，椭圆形或倒披针形，基部骤窄成翼柄，柄基圆耳状抱茎；叶、裂片及抱茎小耳边缘有锯齿。头状花序排成伞房花序或总状花序或单生茎顶；总苞宽钟状。舌状小花黄色。瘦果褐色，长椭圆形；冠毛白色。①②

相近种 **泥胡菜** ***Hemisteptia lyrata*** (Bunge) Fisch. & C. A. Mey. 小花两性，管状，花冠红色或紫色③。**苦荬菜** ***Ixeris polycephala*** Cass. 舌状小花黄色，稀白色④。

púgōngyīng

蒲公英 黄花地丁，婆婆丁

Taraxacum mongolicum Hand.-Mazz.

科属：菊科，蒲公英属。

生境：山坡草地、田野或河滩。

花期：4~9月。

多年生草本。叶倒卵状披针形、倒披针形或长圆状披针形，边缘有时具波状齿或羽状深裂，有时倒向羽状深裂或大头羽状深裂。不分枝花葶一至数个，密被总苞钟状，淡绿色，总苞片2~3层，外层卵状披针形。舌状花黄色，花药和柱头暗绿色。瘦果，冠毛白色。①②③

相近种 **黄鹌菜** ***Youngia japonica*** (L.) DC. 顶端伞房花序状分枝或下部有长分枝，舌状小花黄色④。

qiānlǐguāng

九里明，蔓黄菀 **千里光**

Senecio scandens Buch.-Ham. ex D. Don

科属：菊科，千里光属。

生境：攀缘于灌木、岩石上或溪边。

花期：8 月至翌年 4 月。

多年生攀缘草本。多分枝，被柔毛或无毛。叶卵状披针形或长三角形，基部宽楔形、平截、戟形，稀心形，边缘常具齿，稀全缘，有时具细裂或羽状浅裂，近基部具 1~3 对较小侧裂片，叶柄被柔毛或近无毛，无耳或基部有小耳；上部叶变小，披针形或线状披针形。头状花序有舌状花，排成复聚伞圆锥花序；总苞圆柱状钟形，外层苞片约 8 枚，线状钻形。舌状花 8~10 朵，舌片黄色，长圆形；管状花多数，花冠黄色。①②③④

jǐnjīr

锦鸡儿 娘娘袜

Caragana sinica (Buc'hoz) Rehder

科属：豆科，锦鸡儿属。
生境：山坡和灌丛。
花期：4~5 月。

灌木。羽状复叶有小叶 2 对；托叶三角形，硬化成针刺。叶轴脱落或硬化成针刺而宿存；小叶羽状排列，在短枝上的有时为假掌状排列，倒卵形或长圆状倒卵形，上部 1 对通常较大，革质，先端圆或微缺，具刺尖或无，基部楔形或宽楔形。花单生，花梗中部具关节；花萼钟状，基部偏斜；花冠黄色，常带红色，旗瓣窄倒卵形，翼瓣稍长于旗瓣，瓣柄与瓣片近等长，龙骨瓣稍短于翼瓣。荚果圆筒形。①②③④

rěndōng

金银花，鸳鸯藤 忍冬

Lonicera japonica Thunb.

科属：忍冬科，忍冬属。

生境：山坡、路旁及村庄。

花期：4~6月（秋季亦常开花）。

半常绿藤本。叶纸质，卵形或长圆状卵形，有时卵状披针形，稀圆卵状或倒卵形，极少有1至数个钝缺刻。总花梗常单生小枝上部叶腋，与叶柄等长或较短；苞片卵形或椭圆形。小苞片先端圆或平截；萼筒无毛，萼齿卵状三角形或长三角形；花冠白色，后黄色。果熟时蓝黑色。①②③

相近种　**盘叶忍冬** ***Lonicera tragophylla*** Hemsl. 聚伞花序生于小枝顶端，密集，呈头状花序，有花6~18朵，总苞片盘状。萼筒壶形；花瓣黄色至橙黄色，唇形，冠筒稍弓弯④。

jīnyínrěndōng

金银忍冬 金银木，王八骨头

Lonicera maackii (Rupr.) Maxim.

科属：忍冬科，忍冬属。

生境：林中或林缘溪流附近的灌木丛中。

花期：5~6月。

落叶灌木。叶卵状椭圆形至卵状披针形，先端长渐尖，基部阔楔形，全缘；具叶柄。花序梗较叶柄短；相邻的两花之萼筒分离，长为子房的1/2，萼筒钟状，中裂，裂片卵状披针形；花冠二唇形，初白色，后变黄色，芳香，花筒基部不膨大；雄蕊、花柱较花冠短。浆果红色。①②

相近种　**大花忍冬** ***Lonicera macrantha*** (D. Don) Spreng. 缠绕灌木，花冠较长③。**郁香忍冬** ***Lonicera fragrantissima*** Lindl. & Paxton 小枝具白色、密实的髓，花冠白色或淡红色④。

chǐèfèngxiānhuā

齿萼凤仙花

Impatiens dicentra Franch. ex Hook. f.

科属：凤仙花科，凤仙花属。

生境：山沟溪边、林下草丛中。

花期：7~8 月。

①

②

③

④

一年生草本。叶互生，卵形或卵状披针形。单花腋生；花大，黄色；侧生萼片 2 枚，宽卵状圆形，背面中肋有狭龙骨突；旗瓣圆形，背面中肋龙骨突呈喙状；翼瓣无柄，2 裂，裂片披针形，背面有小耳；唇瓣囊状，基部延长成内弯的短距。①②

相近种　**翼萼凤仙花** ***Impatiens pterosepala*** Hook. f. 花淡紫色或紫红色③。**水金凤** ***Impatiens noli-tangere*** L. 花黄色，旗瓣背面中肋具绿色鸡冠状突起；唇瓣宽漏斗状，喉部散生橙红色斑点④。

zǐ

梓 臭梧桐，黄花楸

Catalpa ovata G. Don

科属：紫葳科，梓属。

生境：多栽培于村庄附近及公路两旁。

花期：5~6 月。

高大乔木。树冠伞形，主干通直。叶对生，有时轮生，阔卵形，长宽近相等，顶端渐尖，基部心形，常 3 浅裂。顶生圆锥花序，花萼蕾时圆球形，花冠钟状，淡黄色，内具 2 黄色条纹及紫色斑点。能育雄蕊 2 枚，退化雄蕊 3 枚；子房上位；花柱丝形，柱头 2 裂；蒴果线形，下垂。①②③

相近种 楸 ***Catalpa bungei*** C. A. Mey. 顶生伞房状总状花序，具花 2~12 朵。花萼蕾时球形，2 唇裂，顶端有 2 尖齿；花冠淡红色，内面有 2 条黄色条纹及暗紫色斑点④。

báibèiyè

白背叶

Mallotus apelta (Lour.) Müll. Arg.

科属：大戟科，野桐属。

生境：山坡或山谷灌丛中。

花期：6~9 月。

小乔木或灌木状。小枝、叶柄及花序均密被淡黄色星状柔毛。叶互生，卵形或宽卵形，先端骤尖或渐尖，基部平截或稍心形，疏生齿；具长叶柄。穗状花序或雄花序有时为圆锥状。雄花苞片卵形；花萼裂片 4 枚，卵形或三角形；雄蕊 50~75 枚。雌花苞片近三角形；花梗极短。蒴果近圆形，密生线形软刺。①②③

相近种 **尼泊尔野桐** ***Mallotus nepalensis*** Müll. Arg. 叶近无毛，疏散橙红色腺点④。

cǎomùxī

草木犀 黄香草木犀，辟汗草

Melilotus officinalis (L.) Lam.

科属：豆科，草木犀属。

生境：山坡、河岸、路旁、沙质草地。

花期：5~9 月。

二年生草本。茎直立，粗壮。羽状三出复叶，叶柄细长；小叶倒卵形至线形，先端钝圆或截形，基部阔楔形，边缘具齿，粗糙，顶生小叶稍大，具较长的小叶柄。总状花序腋生，具花 30~70 朵，初时稠密，花开后渐疏松，花序轴在花期中显著伸展；苞片刺毛状；花梗与苞片等长或稍长；萼钟形，萼齿三角状披针形，稍不等长，比萼筒短；花冠黄色，旗瓣倒卵形，与翼瓣近等长，龙骨瓣稍短或三者均近等长；雄蕊筒在花后常宿存包于果外，花柱长于子房。荚果卵形，棕黑色。①②③④

dōngyàtángsōngcǎo

金鸡脚下黄，烟锅草 **东亚唐松草**

Thalictrum minus

var. ***hypoleucum*** (Siebold & Zucc.) Miq.

科属：毛茛科，唐松草属。

生境：丘陵或山地林边或山谷沟边。

花期：6~7 月。

多年生草本。植株全体无毛。基生叶有长柄，为二至三回三出复叶，小叶草质，近圆形，顶端圆，基部圆形或浅心形；叶柄有细纵槽，基部有短鞘，托叶膜质，半圆形，全缘。复单歧聚伞花序圆锥状；萼片 4 枚，淡黄绿色，倒卵形；花药椭圆形，上部倒披针形；花柱短，直或顶端弯曲。瘦果无柄，圆柱形，顶端通常拳卷。①②③

相近种 **天葵** ***Semiaquilegia adoxoides*** (DC.) Makino 萼片 5 枚，白色带淡紫色，窄椭圆形；花瓣匙形，基部囊状，退化雄蕊 2 枚，窄披针形④。

háozhūcì

豪猪刺

Berberis julianae C. K. Schneid.

科属：小檗科，小檗属。

生境：山坡、沟边、林地、灌丛或竹林中。

花期：3 月。

常绿灌木。茎刺粗壮，三分叉，腹面具槽，与枝同色。叶革质，椭圆形，披针形或倒披针形，先端渐尖，基部楔形，上面深绿色，中脉凹陷，侧脉微显，背面淡绿色，中脉隆起，侧脉微隆起或不显，两面网脉不显，不被白粉，叶缘平展，每边具 10~20 枚刺齿。花 10~25 朵簇生；花黄色；小苞片卵形；萼片 2 轮，外萼片卵形，先端急尖，内萼片长圆状椭圆形，先端圆钝；花瓣长圆状椭圆形，先端缺裂，基部缢缩呈爪，具 2 枚长圆形腺体。浆果被白粉。①②③④

huáxièjiǎ

水萝卜，羽裂蟹甲草 # 华蟹甲

Sinacalia tangutica (Maxim.) B. Nord.

科属：菊科，华蟹甲属。

生境：山坡、悬崖、沟边、草甸等处。

花期：7~9月。

多年生直立草本。茎下部被褐色腺状柔毛。中部叶卵形或卵状心形，羽状深裂，侧裂片3~4对，近对生，长圆形，边缘常具数个小尖齿，上面疏被贴生硬毛，下面沿脉被柔毛及疏蛛丝状毛，羽状脉，叶柄长3~6厘米，基部半抱茎，被疏柔毛或近无毛；上部茎生叶渐小，具短柄。头状花序常排成多分枝宽塔状复圆锥状；总苞片5枚，线状长圆形，边缘窄干膜质。舌状花2~3朵，黄色，舌片长圆状披针形，具2枚小齿，4条脉；管状花4~7朵，花冠黄色。①②③④

kāikǒujiàn

开口箭

Campylandra chinensis

(Baker) M. N. Tamura, S. Yun Liang & Turland

科属：百合科，开口箭属。

生境：林下阴湿处、溪边或路旁。

花期：4~6月。

多年生草本。根状茎长圆柱形。叶基生，倒披针形、线状披针形、线形或长圆状披针形，基部渐窄；鞘叶 2 枚，披针形或长圆形。花序直立，稍弯曲，密生多花；苞片绿色，卵状披针形，每花有 1 枚苞片，有几枚无花苞片聚生花序顶端。花短钟状；花被筒裂片卵形，肉质，黄色或黄绿色；花丝基部宽，边缘不贴生于花被片，花丝上部分离，内弯，花药卵圆形；花柱不明显，柱头钝三棱形，顶端 3 裂。浆果圆形，熟时红色。①②③④

kuòyèshídàgōngláo

阔叶十大功劳

Mahonia bealei (Fortune) Carriere

科属：小檗科，十大功劳属。
生境：森林、山坡、溪边、路旁及灌丛。
花期：9月至翌年1月。

灌木或小乔木。奇数羽状复叶，具4~10对小叶；小叶厚革质，硬直，自叶下部往上小叶渐次变长而狭，基部阔楔形或圆形，偏斜，有时心形，边缘具齿，先端具硬尖，顶生小叶较大，具柄。总状花序直立，通常3~9个簇生；花黄色；萼片3层；花瓣倒卵状椭圆形，基部腺体明显，先端微缺。浆果卵形，深蓝色。①②③

相近种　十大功劳 ***Mahonia fortunei*** (Lindl.) Fedde 具2~5对小叶，小叶无柄或近无柄，狭披针形至狭椭圆形④。

yúnshí

云实 马豆，水皂角

Caesalpinia decapetala (Roth) Alston

科属：豆科，云实属。

生境：山坡灌丛中及平原、丘陵等地。

花期：4~10 月。

藤本。二回羽状复叶，羽片 3~10 对，具柄，基部有刺 1 对。总状花序顶生，具多花。花萼下具关节，花易脱落；花萼裂片 5 枚，长圆形，被短柔毛；花瓣黄色，膜质，圆形或倒卵形，盛开时反卷，瓣柄短；雄蕊与花瓣近等长，花丝基部扁平。荚果无刺，有光泽，沿腹缝线具窄翅，成熟时沿腹缝线开裂，顶端具尖喙。①②③④

zhǎitóutuówú

戟叶橐吾 窄头橐吾

Ligularia stenocephala

(Maxim.) Matsum. & Koidz.

科属：菊科，橐吾属。

生境：山坡、水边、林中或岩石下。

花期：7~12 月。

多年生草本。茎光滑。叶丛生及茎生，心状戟形、肾状戟形，有尖锯齿，两侧裂片外展，具齿，具长叶柄，基部具鞘。头状花序排成总状花序；苞片卵状披针形或线形；总苞窄筒形或宽筒形，总苞片 2 层。舌状花 1~5 朵，黄色，舌片线状长圆形或倒披针形；管状花黄色，冠毛短于管部。①②

相近种　**齿叶橐吾** ***Ligularia dentata*** (A. Gray) Hara 伞房状或复伞房状花序开展③。**蹄叶橐吾** ***Ligularia fischeri*** (Ledeb.) Turcz. 苞片卵形或卵状披针形，边缘有齿④。

hébāoshānguìhuā

荷包山桂花

Polygala arillata Buch.-Ham. ex D. Don

科属：远志科，远志属。

生境：山坡林下或林缘。

花期：5~6 月。

小乔木或灌木状。叶椭圆形至长圆状披针形，先端渐尖，基部楔形。总状花序与叶对生。萼片花后脱落，外层中央 1 枚兜状，内层 2 枚花瓣状，红紫色，长圆状倒卵形，与花瓣几成直角；花瓣黄色，侧瓣短于龙骨瓣，龙骨瓣盔状，具无柄条裂鸡冠状附属物；花丝 2/3 以下合生。蒴果宽肾形或稍心形，具窄翅及缘毛。种子圆形。①②③

相近种　**黄花倒水莲** ***Polygala fallax*** Hemsl. 总状花序，花密集；花瓣黄色，龙骨瓣短于花瓣状萼片④。

shānjījiāo

山鸡椒

Litsea cubeba (Lour.) Pers.

科属：樟科，木姜子属。
生境：向阳山地、灌丛、林地、水边。
花期：2~3 月。

落叶小乔木或灌木状。枝、叶芳香。叶互生，披针形或长圆形，先端渐尖，基部楔形；具叶柄。伞形花序单生或簇生。雄花序具花 4~6 朵；花被片宽卵形。果近圆形。①②

相近种　**木姜子** ***Litsea pungens*** Hemsl. 伞形花序腋生，雄花序具花 8~12 朵，花被片倒卵形③。**山胡椒** ***Lindera glauca*** (Siebold & Zucc.) Blume 伞形花序从混合芽生出，梗极短，具花 3~8 朵④。

fùyǔyèluánshù

复羽叶栾树 巴拉子，黄山栾树

Koelreuteria bipinnata Franch.

科属：无患子科，栾树属。

生境：山地疏林中。

花期：7~9 月。

乔木。二回羽状复叶，小叶 9~17 枚，互生，稀对生，斜卵形，先端短尖或短渐尖，基部宽楔形或圆形，有内弯小锯齿；小叶柄短或近无柄。圆锥花序，分枝广展。花萼 5 裂达中部，裂片宽卵状三角形或长圆形，边缘啮蚀状；花瓣 4 枚，长圆状披针形，鳞片 2 深裂。蒴果淡紫红色，熟时褐色。①②③④

sǎnhuāmù

伞花木

Eurycorymbus cavaleriei

(H. Lév.) Rehder & Hand.-Mazz.

科属：无患子科，伞花木属。

生境：阔叶林中。

花期：5~6 月。

落叶乔木。树皮灰色。叶连柄长 15~45 厘米，叶轴被皱曲柔毛；小叶 4~10 对，近对生，薄纸质，长圆状披针形或长圆状卵形，顶端渐尖，基部阔楔形，腹面仅中脉上被毛，背面近无毛或沿中脉两侧被微柔毛；侧脉纤细而密，约 16 对，末端网结。花序半球状，稠密而极多花，主轴和呈伞房状排列的分枝均被短绒毛；花芳香；萼片卵形；花瓣长约 2 毫米，外面被长柔毛；子房被绒毛。蒴果被绒毛；种子黑色，种脐朱红色。①②③④

mùxī

木犀 桂花

Osmanthus fragrans Lour.

科属：木犀科，木犀属。

生境：广泛栽培。

花期：9~10 月。

常绿乔木或灌木。叶片革质，椭圆形、长椭圆形或椭圆状披针形，先端渐尖，基部渐狭呈楔形或宽楔形，全缘或通常上半部具细锯齿；具长柄。聚伞花序簇生于叶腋，或近于帚状，每腋内有花多朵；苞片宽卵形，质厚，具小尖头；花梗细弱；花极芳香；花萼裂片稍不整齐；花冠黄白色、淡黄色、黄色或橘红色；雄蕊着生于花冠管中部，花丝极短。果歪斜，椭圆形，呈紫黑色。①②③④

tóngqiánshù

铜钱树

刺凉子，摇钱树

Paliurus hemsleyanus

Rehder ex Schir. & Olabi

科属：鼠李科，马甲子属。

生境：山地林中，庭园中常有栽培。

花期：4~6月。

①

②

③

④

乔木，稀灌木。小枝黑褐色或紫褐色。叶互生，纸质或厚纸质，宽椭圆形、卵状椭圆形或近圆形，顶端长渐尖或渐尖，基部偏斜，宽楔形或近圆形，边缘具圆锯齿或钝细锯齿。聚伞花序或聚伞圆锥花序，顶生或兼有腋生；花黄绿色，花瓣匙形；雄蕊长于花瓣；花盘五边形，5 浅裂；花柱 3 深裂。核果草帽状，周围具革质宽翅，幼时绿色，成熟时红褐色或紫红色。①②③④

bàijiàng

败酱 黄花龙牙，麻鸡婆

Patrinia scabiosifolia Link

科属：败酱科，败酱属。

生境：山坡林地、灌丛或草丛中。

花期：7~9月。

多年生草本。基生叶丛生，花时枯落，卵形至椭圆状披针形，不裂至羽状全裂，具粗锯齿；茎生叶对生，宽卵形或披针形，常羽状深裂或全裂，上部叶渐窄小，无柄。聚伞花序组成伞房花序，具5~6级分枝。萼齿不明显；花冠钟形，黄色；雄蕊4枚，稍伸出或几不伸出花冠。①②

相近种 **缬草** ***Valeriana officinalis*** L. 花冠淡紫红色或白色，裂片椭圆形③。**川续断** ***Dipsacus asper*** Wall. 头状花序具长总花梗；花冠淡黄色或白色④。

gǒugǔ

枸骨

八角刺，老虎刺

Ilex cornuta Lindl. & Paxton

科属：冬青科，冬青属。

生境：灌丛、疏林及溪旁、村舍附近。

花期：4~5 月。

常绿灌木或小乔木。叶二型，四角状长圆形，先端宽三角形、有硬刺齿，或长圆形、卵形及倒卵状长圆形，全缘，先端具尖硬刺，反曲，基部圆或平截，具 1~3 对刺齿。花序簇生叶腋，花 4 基数，淡黄绿色；雄花雄蕊与花瓣几等长；退化子房近圆形。雌花花萼与花瓣同雄花；退化雄蕊长为花瓣 4/5。果圆形，熟时红色，宿存柱头盘状。①②③

相近种 **猫儿刺** ***Ilex pernyi*** Franch. 叶片革质，卵形或卵状披针形，先端三角形渐尖，叶面深绿色，具光泽，背面淡绿色④。

xuāncǎo

萱草 忘萱草

Hemerocallis fulva (L.) L.

科属：百合科，萱草属。

生境：森林、灌丛、草地及溪边。

花期：5~7 月。

多年生草本。根近肉质，中下部常纺锤状。叶条形。花葶粗壮；圆锥花序具花 6~12 朵或更多，苞片卵状披针形。花橘红色或橘黄色，无香味；花梗短，花被下部约 1/4 合生成花被管。外轮花被裂片长圆状披针形，内轮裂片长圆形，下部有彩斑，边缘波状皱褶，盛开时裂片反曲；雄蕊及花柱伸出。蒴果长圆形。①②③

相近种　**黄花菜** ***Hemerocallis citrina*** Baroni 花葶长短不一，一般稍长于叶，基部三棱形，上部多少圆柱形，有分枝；花多朵，花被淡黄色④。

língxiāo

凌霄

Campsis grandiflora (Thunb.) K. Schum.

科属：紫葳科，凌霄花属。

生境：栽培或自生。

花期：5~8 月。

攀缘藤本。奇数羽状复叶，小叶 7~9 枚，卵形或卵状披针形，先端尾尖，基部宽楔形，有粗齿；具小叶柄。花序长 15~20 厘米。花萼钟状，裂至中部，裂片披针形；花冠内面鲜红色，外面橙黄色，裂片半圆形；雄蕊着生花冠筒近基部，花丝线形，花药黄色，“个”字形着生；花柱线形，柱头扁平，2 裂。蒴果顶端钝。①②③④

lǐngchūnmù

领春木

Euptelea pleiosperma Hook. f. & Thomson

科属：领春木科，领春木属。

生境：溪边杂木林中。

花期：4~5 月。

落叶灌木或小乔木。树皮紫黑色或棕灰色，小枝紫黑色或灰色。叶纸质，卵形至椭圆披针形，先端渐尖，突生尾尖，基部楔形或宽楔形，中上部疏生顶端加厚的锯齿。花丛生，雄蕊花药红色，长于花丝；子房歪斜，柱头面在腹面或远轴，斧形。翅果棕色，黑色种子卵形。①②③④

lián

芙蓉，菡萏，荷花 莲

Nelumbo nucifera Gaertn.

科属：莲科，莲属。
生境：湖泊、池塘或栽培。
花期：6~8月。

多年生水生草本；根状茎肥厚，横生泥中，节间膨大，节部缢缩。叶基生，圆形，盾状，挺出水面；叶柄粗壮，圆柱形，中空，着生叶背中央，外面散生小刺。花梗顶生一朵花；花美丽，芳香；萼片4~5枚，绿色；花瓣多数，红色、粉红色或白色，长圆状椭圆形至倒卵形；雄蕊多数，花丝细长，花药黄色；心皮多数；花托倒圆锥形，具20~30个小孔，内呈海绵状。坚果椭圆形或卵形，果皮革质，坚硬，熟时黑褐色。①②③④

mǔdān

牡丹

Paeonia suffruticosa Andrews

科属：芍药科，芍药属。

生境：崖壁上。

花期：4~5 月。

落叶灌木。叶常为二回三出复叶。花单生枝顶；萼片 5 枚，绿色；花瓣 5 枚，或为重瓣，玫瑰色、红紫色或粉红色至白色，倒卵形，先端呈不规则波状；心皮 5 枚。蓇葖果被黄褐色硬毛。①②③

相近种 芍药 ***Paeonia lactiflora*** Pall. 多年生草本。花数朵，生茎顶和叶腋，有时仅顶端一朵开放，花大；萼片 4 枚，宽卵圆形；花瓣 9~13 枚，倒卵形；心皮 2~5 枚④。

wūliǎnméi

乌蔹莓

虎葛，五爪龙

Cayratia japonica (Thunb.) Gagnep.

科属：葡萄科，乌蔹莓属。
生境：山谷林中或山坡灌丛。
花期：3~8 月。

草质藤本。卷须 2~3 叉分枝。鸟足状复叶，小叶 5 枚，椭圆形至椭圆披针形，先端渐尖，基部楔形或宽圆形，具疏锯齿，中央小叶显著狭长。复二歧聚伞花序腋生，花萼碟形，花瓣三角状宽卵形，花盘发达。果近圆形，种子倒三角状卵圆形。①②③

相近种　**绞股蓝** *Gynostemma pentaphyllum* (Thunb.) Makino 鸟足状复叶。雌雄异株；雄花圆锥花序，花冠淡绿色或白色，5 深裂，裂片卵状披针形，雌圆锥花序较小④。

zhōnghuáqiūhǎitáng

中华秋海棠

Begonia grandis

subsp. ***sinensis*** (A. DC.) Irmsch.

科属：秋海棠科，秋海棠属。

生境：山谷岩缝、疏林内或荒坡阴湿地。

花期：7 月开始。

中型草本。茎高 20~40 厘米，几无分枝，外形似金字塔形。叶较小，椭圆状卵形至三角状卵形，先端渐尖，下面色淡，偶带红色，基部心形，宽侧下延呈圆形。花序较短，呈伞房状至圆锥状二歧聚伞花序；花小，雄蕊多数，短于 2 毫米，整体呈球状；花柱基部合生或微合生，有分枝，柱头呈螺旋状扭曲，稀呈“U”字形。蒴果具 3 枚不等大之翅。①②③④

bànbiānyuè

木绣球，水马桑 **半边月**

Weigela japonica Thunb.

科属：锦带花科，锦带花属。

生境：山坡林下、山顶灌丛和沟边等地。

花期：4~5 月。

灌叶灌木。叶长卵形或卵状椭圆形，稀倒卵形，具锯齿，上面疏生短柔毛，脉毛较密，下面浅绿色，密生柔毛。单花或具 3 朵花的聚伞花序生于短枝叶腋或顶端。萼筒长 1~1.2 厘米，萼齿线形，深达萼檐基部，被柔毛；花冠白色或淡红色，花后渐红色，漏斗状钟形，外面疏被柔毛或近无毛，冠筒基部窄筒形，中部以上骤扩大，裂片开展，近整齐，无毛；花丝白色，花药黄褐色；柱头盘形，伸出花冠外。果顶端有短柄状喙，疏生柔毛。种子具窄翅。①②③④

dùjuān

杜鹃 山石榴，映山红

Rhododendron simsii Planch.

科属：杜鹃花科，杜鹃属。

生境：马尾松林、林缘、开阔山地灌丛。

花期：4~5 月。

落叶灌木。叶卵形、椭圆形或卵状椭圆形，具细齿。花 2~6 朵簇生枝顶；花萼 5 深裂；花冠漏斗状，玫瑰色、鲜红色或深红色，5 裂，有深色斑点；雄蕊 10 枚，长约与花冠相等；子房卵圆形，花柱伸出花冠外。蒴果卵圆形，花萼宿存。①②

相近种 **羊踯躅** ***Rhododendron molle*** (Blume) G. Don 花冠漏斗状，金黄色，内面有深红色斑点，5 裂③。**满山红** ***Rhododendron mariesii*** Hemsl. & E. H. Wilson 花常 2 朵顶生，先花后叶。花冠漏斗状，淡紫红色，有深色斑点，5 裂④。

fěnhóngdùjuān

粉红杜鹃

Rhododendron oreodoxa
var. ***fargesii*** (Franch.) D. F. Chamb.

科属：杜鹃花科，杜鹃属。
生境：灌丛或森林中。
花期：4~6 月。

常绿灌木。叶革质，常生于枝端，狭椭圆形或倒披针状椭圆形，先端钝或圆形，略有小尖头，基部钝至圆形。顶生总状伞形花序，有花 6~8 朵；萼片紫红色；花冠钟形，淡红色，有或无紫色斑点，裂片 6~8 枚；雄蕊 12~14 枚，不等长，花丝白色；子房圆锥形，花柱淡红绿色，柱头小，头状。蒴果长圆柱形，微弯曲。①②③

相近种　四川杜鹃 ***Rhododendron sutchuenense*** Franch. 花萼波状 5 裂；花冠宽钟状，蔷薇红色，内面上方有深红色斑点，基部有深红色大斑块④。

hónghuālóngdǎn

红花龙胆 红龙胆，小青鱼胆

Gentiana rhodantha Franch.

科属：龙胆科，龙胆属。

生境：高山灌丛、草地及林下。

花期：10月至翌年 2 月。

多年生草本。基生叶莲座状，椭圆形、倒卵形或卵形；茎生叶宽卵形或卵状三角形。花单生茎顶。无花梗；花冠淡红色，上部具紫色纵纹，筒状，裂片卵形或卵状三角形，褶偏斜，宽三角形，顶端具细长流苏；雄蕊顶端一侧下弯。蒴果长椭圆形。种子具网纹及翅。①②③

相近种　**深红龙胆** ***Gentiana rubicunda*** Franch. 花单生枝顶。花梗紫红色或草黄色；花萼倒锥形，被细乳突；花冠紫红色，有时冠筒具黑紫色短细条纹及斑点，边缘啮蚀状或全缘④。

hónghuíxiāng

红毒茴 **红茴香**

Illicium henryi Diels

科属：八角科，八角属。

生境：山地、林地、溪边、悬崖等阴湿处。

花期：4~6月。

灌木状，稀小乔木。叶互生或2~5簇生枝顶，革质，窄披针形至倒卵状椭圆形，先端长渐尖，基部楔形。花腋生、腋上生、近顶生或老枝生花，单生或2~3朵簇生。花蕾圆形，花被片红色，肉质，外轮宽卵形或圆形，中轮最大，内轮渐小；雄蕊9~20枚，稀达28枚，1~2轮。聚合果，蓇葖7~8枚，先端具尖喙。①②③

相近种 **八角** ***Illicium verum*** Hook. f. 花单生叶腋或近顶生。花被片红色，宽卵形，内凹，肉质。聚合果，蓇葖多为8枚，呈八角形④。

mùjǐn

木槿

Hibiscus syriacus L.

科属：锦葵科，木槿属。

生境：海岸崖壁、山坡、溪边，或栽培。

花期：7~11 月。

落叶灌木。小枝密被黄色星状绒毛。叶菱形至三角状卵形，具深浅不同的 3 裂或不裂，先端钝，基部楔形，边缘具不整齐齿缺；叶柄短，上面被星状柔毛；托叶线形。花单生于枝端叶腋间，花梗被星状短绒毛；小苞片 6~8 枚，线形，密被星状疏绒毛；花萼钟形，密被星状短绒毛，裂片 5 枚，三角形；花钟形，淡紫色，直径 5~6 厘米；花瓣 5 枚，倒卵形；雄蕊柱长约 3 厘米；花柱枝无毛。蒴果卵圆形，密被黄色星状绒毛；种子肾形。①②③④

táo

陶古日 **桃**

Amygdalus persica L.

科属：蔷薇科，桃属。

生境：栽培或逸生。

花期：3~4 月。

乔木。芽 2~3 个簇生，叶芽居中，两侧花芽。叶披针形，先端渐尖，基部宽楔形，具锯齿。花单生，先叶开放。花瓣长圆状椭圆形或宽倒卵形，粉红色，稀白色；花药绯红色。核果卵圆形，成熟时向阳面具红晕；果肉多色，多汁有香味，甜或酸甜。①②③

相近种　山桃 ***Amygdalus davidiana*** (Carriere) de Vos ex Henry 果肉薄而干燥，核两侧通常不扁平，先端圆钝④。

yělǎoguàncǎo

野老鹳草

Geranium carolinianum L.

科属：牻牛儿苗科，老鹳草属。

生境：平原和低山荒坡杂草丛中。

花期：4~7 月。

一年生草本。茎下部叶具长柄，上部叶柄渐短；叶片圆肾形，基部心形，掌状 5~7 裂近基部。花序腋生和顶生，长于叶，每总花梗具花 2 朵，顶生总花梗常数个集生，花序呈伞形状；花瓣淡紫红色，倒卵形，稍长于萼，先端圆形，基部宽楔形。①②

相近种　湖北老鹳草 ***Geranium rosthornii*** R. Knuth 花序长于叶。花瓣倒卵形，紫红色，先端圆③。**老鹳草** ***Geranium wilfordii*** Maxim. 花序稍长于叶，花序梗短。花瓣白色或淡红色，倒卵形，与萼片近等长④。

yěmiánhuā

野棉花

Anemone vitifolia Buch.-Ham. ex DC.

科属：毛茛科，银莲花属。
生境：山地草坡、沟边或疏林中。
花期：7~10 月。

草本。根状茎斜，木质。基生叶 2~5 枚，均为单叶，有长柄；叶片心状卵形或心状宽卵形，顶端急尖 3~5 浅裂，边缘有小牙齿；叶柄有柔毛。花葶粗壮；聚伞花序二至四回分枝；苞片 3 枚，形状似基生叶，但较小，有柄；萼片 5 枚，白色或带粉红色，倒卵形；雄蕊长约为萼片长度的 1/4，花丝丝形。聚合果圆形；瘦果有细柄。①②③

相近种　**大火草** ***Anemone tomentosa*** (Maxim.) C. P'ei 基生叶 3~4 枚，为三出复叶，有时有 1~2 枚叶为单叶④。

yěmǔdān

野牡丹 老虎杆，毡帽泡花

Melastoma malabathricum L.

科属：野牡丹科，野牡丹属。

生境：山坡灌草丛中或疏林下。

花期：春至夏初。

灌木。茎钝四棱形或近圆柱形。叶卵形、椭圆形或椭圆状披针形，先端渐尖，基部圆形或近心形，全缘，基出脉5条。伞房花序生枝顶，具花3~7朵，叶状总苞片2枚；苞片披针形或钻形。花萼裂片5枚，披针形，与萼管等长；花瓣紫红色，倒卵形。蒴果坛状圆形，顶端平，宿存花萼与果贴生。①②③

相近种　星毛金锦香 ***Osbeckia stellata*** Buch.-Ham. ex Ker Gawl. 稀疏的聚伞花序组成圆锥花序，顶生；花瓣4枚，深红色至紫色，卵形④。

shíliú

安石榴，丹若 **石榴**

Punica granatum L.

科属：千屈菜科，石榴属。

生境：广泛栽培。

花期：3~7 月。

落叶灌木或乔木。枝顶常成尖锐长刺，幼枝具棱角，老枝近圆柱形。叶通常对生，长圆状披针形，先端短尖、钝尖或微凹，基部尖或稍钝，上面光亮。花大，1~5 朵生于枝顶或腋生。萼筒通常红色或淡黄色，顶端 5~7 裂，裂片稍外展，卵状三角形，外面近顶端有一黄绿色腺体，边缘有小乳突；花瓣与萼裂片同数，红色、黄色或白色，先端圆。浆果近圆形，通常黄褐色或暗紫色。种子多数，肉质外种皮淡红色或乳白色。①②③④

wàngchūnyùlán

望春玉兰

Yulania biondii (Pamp.) D. L. Fu

科属：木兰科，玉兰属。

生境：山林间。

花期：3 月。

落叶乔木。叶椭圆状披针形至卵形，先端尖，基部宽楔形或圆形，边缘干膜质。先叶开花，芳香。花梗顶端膨大；花被片 9 枚，外轮 3 枚紫红色，近窄倒卵状条形，中内两轮近匙形，白色，基部紫红色；花丝紫色。①②

相近种　**武当玉兰** ***Yulania sprengeri*** (Pamp.) D. L. Fu 花被片 12 枚，近相似，玫瑰红色，具深紫色纵纹③。**紫玉兰** ***Yulania liliiflora*** (Desr.) D. L. Fu 花叶近同时开放。花被片 9~12 枚，外轮 3 枚萼片状，紫绿色，内 2 轮肉质，花瓣状④。

húběizǐjīng

箩筐树，乌桑树 湖北紫荆

Cercis glabra Pamp.

科属：豆科，紫荆属。

生境：山谷、路边、岩石上或林中。

花期：3~4 月。

乔木。叶心形或三角状圆形，两侧对称，先端钝或急尖，基部浅心形或深心形。总状花序短，有花数朵至十余朵；花淡紫红色或粉红色，先叶或与叶同时开放。荚果窄长圆形，紫红色，具窄翅。①②③

相近种　**紫荆** ***Cercis chinensis*** Bunge 花紫红色或粉红色，2~10 余朵成束，簇生于老枝和主干上，常先叶开放，幼嫩枝上的花叶同时开放。荚果绿色④。

měilìhúzhīzi

美丽胡枝子

Lespedeza thunbergii

subsp. ***formosa*** (Vogel) H. Ohashi

科属：豆科，胡枝子属。

生境：山坡、路旁及林缘灌丛中。

花期：7~9 月。

灌木。叶具 3 小叶，椭圆形至卵形。总状花序比叶长，或组成顶生圆锥花序，花梗短；花冠红紫色，各瓣片基部均具耳和瓣柄，旗瓣近圆形，翼瓣倒卵状长圆形，较旗瓣、龙骨瓣短，龙骨瓣较旗瓣长。①②

相近种　**胡枝子** ***Lespedeza bicolor*** Turcz. 总状花序比叶长，常构成大型、较疏散的圆锥花序；花萼裂片常短于萼筒；花冠红紫色③。**杭子梢** ***Campylotropis macrocarpa*** (Bunge) Rehder 花萼稍浅裂或近中裂，稀深裂；花冠紫红色或近粉红色④。

láijiāngténg

来江藤

Brandisia hancei Hook. f.

科属：玄参科，来江藤属。

生境：林中及林缘。

花期：11 月至翌年 2 月。

灌木。高达 3 米，全体密被锈黄色星状绒毛。叶卵状披针形，先端锐尖头，基部近心形，稀圆形，全缘，稀具锯齿；叶柄短，长者达 5 毫米，有锈色绒毛。花单生叶腋；花梗长达 1 厘米，中上部有 1 对披针形小苞片；花萼宽钟形，长宽各约 1 厘米，内面密生绢毛，具脉 10 条，5 裂至 1/3 处，萼齿宽短，宽大于长或几相等。花冠橙红色，长约 2 厘米，上唇宽大，2 裂，下唇较上唇低，3 裂；雄蕊约与上唇等长。蒴果卵圆形，具短喙。①②③④

dàyèhuǒshāolán

大叶火烧兰

Epipactis mairei Schltr.

科属：兰科，火烧兰属。

生境：山坡灌草丛中、河滩等处。

花期：6~7 月。

近危种。地生草本。根状茎粗短。叶 5~8 枚，卵圆形、卵形或椭圆形，基部抱茎。花序具花 10~20 余朵。苞片椭圆状披针形；花黄绿色带紫色、紫褐色或黄褐色，下垂；中萼片椭圆形或倒卵状椭圆形，舟形，侧萼片斜卵状披针形；花瓣长椭圆形，唇瓣中部稍缢缩成上下唇，两侧裂片近直立，顶端钝圆，具 2~3 个鸡冠状褶片，上唇肥厚。①②③

相近种　火烧兰 ***Epipactis helleborine*** (L.) Crantz 唇瓣下唇为兜状，上、下唇宽度近相等④。

cóngzhīliǎo

长尾叶蓼 **丛枝蓼**

Polygonum posumbu
Buch.-Ham. ex D. Don

科属：蓼科，蓼属。
生境：山坡林下、山谷水边。
花期：6~9 月。

一年生草本。叶卵状披针形或卵形，先端尾状渐尖，基部宽楔形，纸质；托叶鞘筒状，薄膜质，顶端截形。总状花序呈穗状，顶生或腋生，细弱，花稀疏；苞片漏斗状，淡绿色，每苞片内含花 3~4 朵；花梗短，花被 5 深裂，淡红色；雄蕊 8 枚，比花被短；花柱 3 个，下部合生。瘦果卵形，包于宿存花被内。①②

相近种　**红蓼** ***Polygonum orientale*** L. 穗状花序密集呈圆锥状，花被淡红色或白色③。**丁香蓼** ***Ludwigia prostrata*** Roxb. 花瓣单生，匙形，黄色④。

dòngruǐhuā

动蕊花

Kinostemon ornatum (Hemsl.) Kudo

科属：唇形科，动蕊花属。

生境：山地林下。

花期：6~8 月。

多年生草本。叶卵状披针形或线状长圆形，先端尾尖或镰状渐尖，基部楔形下延，具疏齿。轮伞花序沿一侧组成总状花序。萼筒无毛，喉部内具毛环，上唇中齿圆形，侧齿卵形，下唇 2 齿披针形；花冠淡紫红色，冠筒下部窄细，上唇 2 裂片斜三角状卵形，下唇中裂片卵状匙形，侧裂片长圆形。①②③

相近种　**腹水草** ***Veronicastrum stenostachyum*** subsp. ***plukenetii*** (T. Yamaz.) D. Y. Hong 子房完整或微有分割，花柱自子房的顶端伸出④。

jīnxiàncǎo

金线草

Antenoron filiforme

(Thunb.) Roberty & Vautier

科属：蓼科，金线草属。

生境：山坡林缘、山谷路旁。

花期：7~8 月。

多年生草本。叶椭圆形或长椭圆形，顶端短渐尖或急尖，基部楔形，全缘；托叶鞘筒状，膜质。总状花序呈穗状，通常数个，顶生或腋生，花序轴延伸，花排列稀疏；苞片漏斗状，绿色，边缘膜质；花被 4 深裂，红色，花被片卵形，果时稍增大；雄蕊 5 枚；花柱 2 个，果时伸长，硬化，顶端呈钩状，宿存，伸出花被之外。瘦果卵形，双凸镜状。①②③

相近种　**短毛金线草** ***Antenoron filiforme*** var. ***neofiliforme*** (Nakai) A. J. Li 叶顶端长渐尖，两面疏生短糙伏毛④。

jíxiángcǎo

吉祥草

Reineckea carnea (Andrews) Kunth

科属：百合科，吉祥草属。

生境：阴湿山坡、山谷或密林下。

花期：7~11 月。

茎匍匐似根状茎。叶 3~8 枚簇生，线形或披针形，深绿色。穗状花序，上部花有时为单性雄花，仅具雄蕊。花粉红色，花被片合生成短筒状，上部 6 裂，裂片长圆形，与花被筒近等长；雄蕊 6 枚，花丝丝状，近基部贴生花被筒，花药近长圆形；子房瓶状，花柱细长。浆果圆形，熟时鲜红色。①②③

相近种　山菅 *Dianella ensifolia* (L.) Redoute 叶茎生，植株有明显的近直立的茎，无基生叶；花被片线状披针形，绿白色、淡黄色或青紫色④。

liǔyècài

鸡脚参，水朝阳花 **柳叶菜**

Epilobium hirsutum L.

科属：柳叶菜科，柳叶菜属。

生境：潮湿处、沙地或石砾地。

花期：6~8 月。

多年生草本。叶草质，对生，茎上部互生，多少抱茎，披针状椭圆形，先端锐尖至渐尖，基部近楔形，具细锯齿。总状花序直立，萼片长圆状线形，背面隆起成龙骨状，花瓣玫瑰红色、粉红色或紫红色，宽倒心形，先端凹缺；子房灰绿色或紫色，柱头伸出稍高过雄蕊，4 深裂。①②

相近种 **月见草** ***Oenothera biennis*** L. 穗状花序，不分枝；苞片叶状，宿存。花瓣黄色，稀淡黄色③。**柳兰** ***Chamerion angustifolium*** (L.) Holub 花瓣粉红色或紫红色，稀白色，稍不等大④。

qīngxiāng

青葙 百日红，鸡冠花

Celosia argentea L.

科属：苋科，青葙属。

生境：平原、田边、丘陵、山坡。

花期：5~8月。

1

2

3

4

一年生草本。叶长圆状披针形至披针状条形，绿色常带红色，先端具小芒尖，基部渐窄；叶柄短或无。塔状或圆柱状穗状花序不分枝；苞片及小苞片披针形，白色，先端渐尖成细芒。花被片长圆状披针形，花初为白色，顶端带红色，或全部粉红色，后白色；花药紫色；花柱紫色。①②

相近种 **牛膝** ***Achyranthes bidentata*** Blume 花被片5枚，绿色③。**土人参** ***Talinum paniculatum*** (Jacq.) Gaertn. 圆锥花序常二叉状分枝，花序梗长。花瓣粉红色或淡紫红色，倒卵形或椭圆形④。

shūhuāshégū

石上莲，通天蜡烛 **疏花蛇菰**

Balanophora laxiflora Hemsl.

科属：蛇菰科，蛇菰属。

生境：密林中。

花期：9~12 月。

寄生草本。全株鲜红色或暗红色。鳞状苞片 8~14 枚，椭圆状长圆形，互生，基部几全包着花茎。花雌雄异株。雄花序圆柱状，顶端渐尖；雄花近辐射对称，疏生；花序裂片 4~6 枚；聚药雄蕊近圆盘状。雌花序卵圆形或长圆状椭圆形；子房卵圆形，聚生于附属体基部附近。①②

相近种 **筒鞘蛇菰** ***Balanophora involucrata*** Hook. f. & Thomson 鳞状苞片 2~5 枚，轮生，顶端离生呈撕裂状③。**葛菌** ***Balanophora harlandii*** Hook. f. 植株小，鳞状苞片互生。聚药雄蕊有花药 3 枚④。

suānmó

酸模 遏蓝菜，酸溜溜

Rumex acetosa L.

科属：蓼科，酸模属。

生境：山坡、林缘、沟边、路旁。

花期：5~7 月。

多年生草本。基生叶及茎下部叶箭形，基部裂片尖，全缘或微波状，具长叶柄；茎上部叶较小，渐近无柄。花单性，雌雄异株；窄圆锥状花序顶生，花梗中部具关节；雄花外花被片椭圆形，内花被片宽椭圆形；雌花外花被片椭圆形，果时反折，内花被片果时增大，近圆形，基部心形。①②③

相近种　**齿果酸模** ***Rumex dentatus*** L. 花两性，黄绿色；花簇轮生，顶生及腋生，数个组成圆锥状花序④。

zǐjǐn

紫堇

断肠草，蝎子花

Corydalis edulis Maxim.

科属：罂粟科，紫堇属。
生境：丘陵、沟边或多石地。
花期：4~7 月。

一年生草本。花枝常与叶对生。叶片一至二回羽状全裂，一回具短柄，二回近无柄，倒卵圆形，羽状分裂。总状花序具花 3~10 朵，花萼近圆形，具齿，花冠紫红色、粉红色至近白色；外花瓣较宽，先端微凹，上花瓣距圆筒形，下花瓣近基部渐窄，内花瓣具鸡冠状突起，爪稍长于瓣片。蒴果线形，下垂。①②③

相近种　**夏天无** ***Corydalis decumbens*** (Thunb.) Pers. 外花瓣具窄鸡冠状突起，瓣片稍上弯，距稍短于瓣片，渐窄，直伸或稍上弯，蜜腺为距长 1/3 至 1/2 ④。

fǎngùmǎxiānhāo

返顾马先蒿

Pedicularis resupinata L.

科属：玄参科，马先蒿属。

生境：湿润草地及林缘。

花期：6~8 月。

多年生草本。茎上部多分枝。叶均茎生，互生或中下部叶对生；叶卵形或长圆状披针形，有钝圆重齿，齿上有浅色胼胝或刺尖，常反卷。总状苞片叶状。花萼长卵圆形，前方深裂，萼齿 2 枚；花冠淡紫红色，花冠筒基部向右扭旋，下唇及上唇成返顾状，上唇上部两次稍膝状弓曲，顶端成圆锥状短喙，背部常被毛，下唇稍长于上唇，锐角开展，中裂片较小，略前凸。①②③④

zhōnghuáxiùxiànméi

华南梨 中华绣线梅

Neillia sinensis Oliv.

科属：蔷薇科，绣线梅属。

生境：山坡、山谷或沟边杂木林中。

花期：5~6月。

灌木。高达 2 米。叶卵形至卵状长圆形，先端长渐尖，基部圆形或近心形，稀宽楔形，有重锯齿，常不规则分裂，稀不裂；叶柄长 0.7~1.5 厘米，托叶线状披针形或卵状披针形，早落。总状花序长 4~9 厘米。具短花梗；花径 6~8 毫米；被丝托筒状，萼片三角形，先端尾尖；花瓣淡粉色，倒卵形，长约 3 毫米；雄蕊 10~15 枚，着生在被丝托边缘；心皮 1~2 枚，子房具 4~5 粒胚珠，顶端有毛，花柱直立。蓇葖果长椭圆形。①②③④

bājiǎolián

八角莲

Dysosma versipellis

(Hance) M. Cheng ex T. S. Ying

科属：小檗科，鬼臼属。

生境：林下、灌丛中、溪旁阴湿处等。

花期：3~6 月。

易危种。多年生草本。茎直立，不分枝，淡绿色。茎生叶 2 枚，薄纸质，互生，盾状，近圆形，4~9 掌状浅裂，裂片阔三角形，卵形或卵状长圆形，边缘具细齿；下部叶具长柄，上部叶叶柄较短。花梗纤细、下弯；花深红色，6 数，5~8 朵簇生于离叶基部不远处，下垂；萼片长圆状椭圆形。浆果椭圆形。种子多数。①②③④

chòumǔdān

臭牡丹

Clerodendrum bungei Steud.

科属：马鞭草科，大青属。

生境：山坡、林缘、沟谷、灌丛湿润处。

花期：3~11 月。

灌木。叶宽卵形或卵形，先端尖，基部宽楔形、平截或心形，具锯齿；具长叶柄。伞房状聚伞花序密集成头状；苞片披针形；花萼裂片三角形；花冠淡红色或紫红色，冠筒裂片倒卵形。核果近圆形，蓝黑色。①②

相近种　**海州常山** ***Clerodendrum trichotomum*** Thunb. 伞房状聚伞花序，花萼绿白色或紫红色，5 棱，裂片三角状披针形；花冠筒裂片长椭圆形③。**赪桐** ***Clerodendrum japonicum*** (Thunb.) Sweet 圆锥状二歧聚伞花序。花萼红色，花冠红色，稀白色，裂片长圆形④。

shísuàn

石蒜 龙爪花，蟑螂花

Lycoris radiata (L'Hér.) Herb.

科属：石蒜科，石蒜属。

生境：河谷、沟边阴湿石缝中或栽培。

花期：8~9 月。

多年生草本。鳞茎近圆形。叶深绿色，秋季出叶，窄带状，先端钝，中脉具粉绿色带。花茎高约 30 厘米，顶生伞形花序有花 4~7 朵；总苞片 2 枚，披针形。花两侧对称，鲜红色，花被筒绿色；花被裂片窄倒披针形，外弯，边缘皱波状；雄蕊伸出花被，比花被长约 1 倍。①②③

相近种 **忽地笑** ***Lycoris aurea*** (L'Hér.) Herb. 花两侧对称，黄色，花被裂片背面中脉具淡绿色带，边缘波状皱缩；雄蕊稍伸出花被，比花被长约 1/6 ④。

hénhuān

马缨花，绒花树 **合欢**

Albizia julibrissin Durazz.

科属：豆科，合欢属。

生境：山坡或栽培。

花期：6~7 月。

落叶乔木。小枝有棱角，嫩枝、花序和叶轴被绒毛或短柔毛。二回羽状复叶，羽片 4~12 对，小叶 10~30 对，线形或长圆形，向上偏斜，先端有小尖头。头状花序于枝顶排成圆锥花序；花序轴蜿蜒状。花粉红色；花萼管状；花冠裂片三角形。①②③

相近种　山槐 ***Albizia kalkora*** (Roxb.) Prain 头状花序 2~7 个生于叶腋或于枝顶排成圆锥花序。花初时白色，后变黄色；雄蕊基部连合呈管状④。

qiànshí

芡实 刺莲藕，鸡头米

Euryale ferox Salisb.

科属：睡莲科，芡属。

生境：池塘、湖沼中。

花期：7~8月。

一年生大型水生草本。具白色须根。初生叶沉水，后生叶圆盾状；浮水叶革质，椭圆肾形至圆形，盾状，全缘；叶柄及花梗粗壮，圆柱状，中空，皆有硬刺。花梗顶生1朵花；萼片披针形，肉质；花瓣多数，成3~5轮排列，向内渐变成雄蕊；外轮鲜紫红色，中层紫红色，具白斑，内层内面白色，外面具紫红色斑点；雄蕊多数；子房下位，柱头红色。①②③④

liàn

楝

苦楝，紫花树

***Melia azedarach* L.**

科属：楝科，楝属。

生境：低海拔林地、田边或路旁。

花期：4~5 月。

落叶乔木。二至三回奇数羽状复叶，小叶对生，卵形至披针形，顶生一片通常略大，边缘有钝锯齿。圆锥花序约与叶等长；花芳香；花萼 5 深裂，裂片卵形或长圆状卵形，先端急尖，外面被微柔毛；花瓣淡紫色，倒卵状匙形；雄蕊管紫色，有纵细脉，管口有钻形、2~3 齿裂的狭裂片 10 枚，花药 10 枚；子房近圆形。核果圆形至椭圆形，内果皮木质；种子椭圆形。①②③④

yuánhuā

芫花

Daphne genkwa Siebold & Zucc.

科属：瑞香科，瑞香属。

生境：山区。

花期：3~5 月。

落叶灌木。叶对生，卵形至椭圆形，纸质。花 3~7 朵簇生叶腋，淡紫红色或紫色，先叶开花，花梗短。花萼裂片 4 枚，卵形或长圆形，先端圆，外面疏被柔毛；雄蕊 8 枚，2 轮，分别着生于萼筒中部和上部，花盘环状，不发达。①②③

相近种　**结香** ***Edgeworthia chrysantha*** Lindl. 花先叶开放，头状花序顶生或侧生，下垂，有花 30~50 朵，结成绒球状；花芳香，花萼黄色，顶端 4 裂④。

zhūgěcài

二月蓝 **诸葛菜**

Orychophragmus violaceus

(L.) O. E. Schulz

科属：十字花科，诸葛菜属。
生境：在平原、山地、路旁或地边。
花期：3~5月。

一年生或二年生草本。茎直立，单一或上部分枝。基生叶心形，锯齿不整齐；下部茎生叶大头羽状深裂或全裂，顶裂片卵形或三角状卵形，全缘或具不规则齿，基部心形，有不规则钝齿，侧裂片2~6对，斜卵形、卵状心形或三角形，全缘或有齿；上部叶长圆形或窄卵形，基部耳状抱茎，锯齿不整齐。花紫色或白色；萼片紫色；花瓣宽倒卵形，基部具爪。长角果线形，具4棱。种子卵圆形或长圆形，黑棕色，有纵条纹。①②③④

zǐdīngxiāng

紫丁香 华北紫丁香

Syringa oblata Lindl.

科属：木犀科，丁香属。

生境：丛林、溪边、山谷及滩地水边。

花期：4~5 月。

灌木或小乔木。叶革质或厚纸质，卵圆形或肾形，先端短凸尖或长渐尖，基部心形、平截或宽楔形；具叶柄。圆锥花序直立，由侧芽抽生。花冠紫色，花冠筒圆柱形，裂片直角开展；花药黄色，位于花冠筒喉部。果卵圆形或长椭圆形，顶端长渐尖，开裂。①②

相近种 **小叶女贞** ***Ligustrum quihoui*** Carriere 叶片较小，先端凹、钝或锐尖；果紫黑色③。**女贞** ***Ligustrum lucidum*** W. T. Aiton 核果深蓝黑色，不开裂④。

chǐèbàochūn

齿萼报春

Primula odontocalyx (Franch.) Pax

科属：报春花科，报春花属。

生境：山坡草丛中和林下。

花期：2~5 月。

近危种。多年生草本。叶丛生，长圆状或倒卵状匙形，基部渐窄，近无柄，具齿。花葶果期伸长，通常顶生花 1~8 朵。花萼钟状，分裂达中部或稍过，裂片卵形或卵状三角形，先端锐尖或渐尖；花冠蓝紫色或淡红色，冠筒口周围白色，裂片倒卵形，先端凹缺。①②

相近种　**卵叶报春** ***Primula ovalifolia*** Franch. 花萼窄钟状，花冠紫色或蓝紫色，与花萼近等长，裂片倒卵形③。**粉报春** ***Primula farinosa*** L. 伞形花序有花 10 余朵，花冠紫红色，高脚碟状，裂片倒心形④。

gānsùlóudǒucài

甘肃耧斗菜

Aquilegia oxysepala
var. ***kansuensis*** Brühl

科属：毛茛科，耧斗菜属。
生境：山地草坡。
花期：5~6 月。

多年生草本。茎上部多分枝。基生叶数枚，为二回三出复叶；中央小叶具短柄，楔状倒卵形，三浅裂或三深裂，裂片顶端圆形，常具 2~3 枚粗圆齿；具长叶柄，基部变宽呈鞘状。茎生叶数枚，具短柄，向上渐变小。花大而美丽，微下垂；苞片紫色；花瓣瓣片黄白色，顶端近截形，距长 1.5~2 厘米，末端强烈内弯呈钩状；雄蕊与瓣片近等长，花药黑色；心皮 5 枚。①②③④

hècǎo

鹤草

蚊子草，蝇子草

Silene fortunei Vis.

科属：石竹科，蝇子草属。
生境：平原、灌丛、草地、林下或沟边。
花期：6~8 月。

多年生草本。茎丛生，多分枝，分泌黏液。基生叶倒披针形，中上部叶披针形，基部渐窄成柄状。聚伞圆锥花序，小聚伞花序对生，具花 1~3 朵，有黏质，苞片线形，具短花梗；雌雄蕊柄果期伸长；花瓣粉红色，爪微伸出花萼，倒披针形，瓣片平展，楔状倒卵形，2 裂达 1/2 或更深，裂片撕裂状条裂；喉部具 2 枚小鳞片；雄蕊、花柱微伸出。①②③④

yuányèqiānniú

圆叶牵牛 喇叭花，牵牛花

Ipomoea purpurea (L.) Roth

科属：旋花科，番薯属。

生境：田边、路边、宅旁或山谷林内。

花期：8~10 月。

一年生缠绕草本。叶圆心形或宽卵状心形，基部圆，心形，顶端锐尖，通常全缘，偶有 3 裂；花腋生，1~5 朵成聚伞花序；苞片线形；萼片近等长，外面 3 片长椭圆形，渐尖，内面 2 枚线状披针形；花冠漏斗状，紫红色、红色或白色，花冠管通常白色；雄蕊与花柱内藏。①②

相近种　**牵牛** ***Ipomoea nil*** (L.) Roth 叶片通常 3 裂，外萼片披针状线形③。**鼓子花** ***Calystegia silvatica*** subsp. ***orientalis*** Brummitt 花萼包藏在 2 片大苞片内，花冠白色、淡红色或紫色④。

húdiéhuā

兰花草，日本鸢尾 **蝴蝶花**

Iris japonica Thunb.

科属：鸢尾科，鸢尾属。
生境：山坡较阴蔽而湿润处。
花期：3~4 月。

①

②

③

④

多年生草本。叶基生，暗绿色，剑形。花茎有 5~12 侧枝，顶生总状圆锥花序；苞片 3~5 枚，包花 2~4 朵。花淡蓝色或蓝紫色；外花被裂片卵圆形或椭圆形，有黄色斑纹，有细齿，中脉有黄色鸡冠状附属物，内花被裂片椭圆形；雄蕊花药白色。①②

相近种 **黄花鸢尾 *Iris wilsonii*** C. H. Wright 花黄色，外花被裂片有褐色条纹及斑点，爪部两侧有紫褐色耳状附属物，内花被裂片倒披针形③。**鸢尾 *Iris tectorum*** Maxim. 花大，蓝紫色，外花被裂片有紫褐色花斑④。

mùtōng

木通 活血藤，山通草

Akebia quinata (Houtt.) Decne.

科属：木通科，木通属。

生境：山地灌木丛、林缘和沟谷中。

花期：4~5 月。

多年生柔弱草本。叶丛生；叶椭圆形或长圆形，羽状全裂，羽片 1~6 对，椭圆形或长圆形，每边具 2~4 粗齿或缺刻。花葶细弱；伞形花序具花 1~4 朵。花萼钟状，分裂达中部以下；花冠淡红色或淡蓝紫色，裂片楔状长圆形，先端近平截或微凹缺。①②③

相近种　**鹰爪枫** ***Holboellia coriacea*** Diels 掌状复叶有小叶 3 片；花雌雄同株，白绿色或紫色，组成短的伞房式总状花序。雌花与雄花近似但稍大，萼片紫色④。

jì

蓟

大蓟，地萝卜

Cirsium japonicum DC.

科属：菊科，蓟属。

生境：林地、灌丛、草地、荒地或溪旁。

花期：4~11 月。

多年生草本。叶卵形至长椭圆形，基部向上的茎生叶渐小，羽状深裂或几全裂，基部渐窄成翼柄，边缘有针刺及刺齿。头状花序直立，顶生；总苞钟状，约 6 层，覆瓦状排列。小花红色或紫色。瘦果扁，偏斜楔状倒披针状，冠毛浅褐色。①②③

相近种　**刺儿菜** ***Cirsium arvense*** var. ***integrifolium*** Wimm. & Grab. 基生叶和中部茎叶椭圆形，顶端钝或圆形，基部楔形，无叶柄，叶缘有细密的针刺；雌花与两性花异株④。

gě

葛

Pueraria montana (Lour.) Merr.

科属：豆科，葛属。

生境：山地疏林或密林中。

花期：9~10 月。

粗壮藤本。茎基部木质，有粗厚的块状根。小叶 3 裂，顶生小叶宽卵形或斜卵形，先端长渐尖，侧生小叶斜卵形，稍小。总状花序中部以上花密生，花萼钟形，花冠紫色，旗瓣倒卵形，基部有 2 耳及黄色附属体，翼瓣镰状，较龙骨瓣为窄，基部具耳，龙骨瓣镰状长圆形；二体雄蕊，或仅上部离生。荚果长椭圆形。①②③

相近种　**常春油麻藤** ***Mucuna sempervirens*** Hemsl. 花多聚生于顶部，每节有花 2~3 朵，常有恶臭；花冠暗紫色，但旗瓣带绿白色，旗瓣先端圆④。

guǎngbùyěwāndòu

草藤，落豆秧 **广布野豌豆**

Vicia cracca L.

科属：豆科，野豌豆属。
生境：草甸、山坡、河滩草地或灌丛。
花期：5~9 月。

①

②

③

④

多年生草质藤本。偶数羽状复叶，叶轴顶端卷须 2~3 分支；托叶半箭头形或戟形，上部 2 深裂；小叶 5~12 对，互生，线形、长圆形或线状披针形，全缘。总状花序与叶轴近等长，密集，具花 10~40 朵；花萼钟状，萼齿 5 枚；花冠紫色、蓝紫色或紫红色，旗瓣长圆形，中部两侧缢缩呈提琴形，瓣柄与瓣片近等长，翼瓣与旗瓣近等长，明显长于龙骨瓣。①②③

相近种　救荒野豌豆 ***Vicia sativa*** L. 花数朵腋生，花冠紫红色或红色，旗瓣微凹④。

máopāotóng

毛泡桐

Paulownia tomentosa (Thunb.) Steud.

科属：玄参科，泡桐属。

生境：山地。

花期：4~5 月。

落叶乔木。叶心形，先端锐尖，基部心形，全缘或波状浅裂。花序枝的侧枝不发达，花序为金字塔形或窄圆锥形；小聚伞花序的总花梗几与花梗等长，具花 3~5 朵。花萼浅钟形，分裂至中部或裂过中部，萼齿卵状长圆形，在花期锐尖或稍钝，至果期钝头；花冠紫色，漏斗状钟形，檐部二唇形；子房卵圆形，花柱短于雄蕊。①②③

相近种　**白花泡桐** ***Paulownia fortunei*** (Seem.) Hemsl. 花冠管状漏斗形，白色仅背面稍带紫色或浅紫色④。

dàhuāhuánliàngcǎo

绿花草 # 大花还亮草

***Delphinium anthriscifolium* var. *majus* Pamp.**

科属：毛茛科，翠雀属。

生境：山地。

花期：3~5 月。

多年生草本。二至三回近羽状复叶，有柄；羽片 2~4 对，对生，稀互生，下部羽片有细柄，狭卵形，末回裂片狭卵形或披针形。总状花序有花 1~15 朵，花较大；基部苞片叶状，小苞片生花梗中部，披针形；花萼片堇色或紫色，椭圆形，花瓣紫色；退化雄蕊与萼片同色，瓣片斧形。①②

相近种 **还亮草** ***Delphinium anthriscifolium*** Hance 花较小，蓝紫色，退化雄蕊 2 深裂③。**翠雀** ***Delphinium grandiflorum*** L. 根多年生，叶掌状分裂，花瓣上部多少变狭④。

huóxuèdān

活血丹 大金钱草，钻地风

Glechoma longituba (Nakai) Kuprian.

科属：唇形科，活血丹属。

生境：林地、草地、溪边等阴湿处。

花期：4~5 月。

多年生草本。叶心形或近肾形，具粗圆齿或粗齿状圆齿，上面疏被糙伏毛或微柔毛，下面带淡紫色，脉疏被柔毛或长硬毛。轮伞花序具花 2~6 朵；苞片及小苞片线形。花萼管形，被长柔毛，萼齿卵状三角形，先端芒状，上唇 3 枚萼齿较长；花冠蓝色或紫色，下唇具深色斑点，冠筒管状钟形，上唇 2 裂，裂片近肾形，下唇中裂片肾形，侧裂片长圆形。①②③

相近种　**积雪草** ***Centella asiatica*** (L.) Urb. 伞形花序有花 3~4 朵；花瓣卵形，紫红色或乳白色④。

zǐhuādìdīng

光瓣堇菜，辽堇菜 # 紫花地丁

Viola philippica Cav.

科属：堇菜科，堇菜属。

生境：荒地、山坡草丛、林缘或灌丛中。

花期：4 月中下旬至 9 月。

多年生草本。无地上茎。基生叶莲座状；下部叶较小，三角状卵形或窄卵形，上部者较大，圆形至长圆状卵形，先端圆钝，基部平截或楔形，具圆齿；叶柄果期上部具宽翅。花淡紫色或粉红色，喉部有紫色条纹；花梗与叶等长或高于叶；萼片卵状披针形；花瓣长圆状倒卵形，下瓣有紫色脉纹；距细管状，末端不向上弯。①②③

相近种　**早开堇菜** ***Viola prionantha*** Bunge 叶片长圆状卵形、卵状披针形或狭卵形，先端稍尖或钝，基部微心形、截形或宽楔形，稍下延④。

báijí

白及

Bletilla striata (Thunb.) Rchb. f.

科属：兰科，白及属。

生境：林下、路边草丛或岩石缝中。

花期：4~5 月。

濒危种。地生草本。叶 4~6 枚，窄长圆形或披针形。总状花序顶生，具花 3~10 朵。花紫红色或淡红色；花瓣较萼片稍宽，唇瓣倒卵状椭圆形，白色带紫红色，唇盘具 5 条纵褶片，从基部伸至中裂片近顶部，在中部以上 3 裂，中裂片倒卵形或近四方形，先端凹缺，具波状齿。①②③

相近种　黄花白及 ***Bletilla ochracea*** Schltr. 花黄色，或萼片和花瓣外面黄绿色，内面黄白色，稀近白色；苞片长圆状披针形，长 1.8~2 厘米，花时凋落；萼片和花瓣近等长④。

dúsuànlán

独蒜兰

Pleione bulbocodioides (Franch.) Rolfe

科属：兰科，独蒜兰属。

生境：山区腐殖质丰富处。

花期：4~6 月。

半附生草本。假鳞茎顶端具 1 枚叶。叶花期幼嫩，长成后狭椭圆状披针形，纸质，先端通常渐尖，基部渐狭成柄。花葶直立，顶端具花 1~2 朵；花粉红色至淡紫色，唇瓣上有深色斑；中萼片近倒披针形，先端急尖或钝；侧萼片稍斜歪，与中萼片等长，常略宽；花瓣倒披针形，稍斜歪；唇瓣轮廓为倒卵形或宽倒卵形，不明显 3 裂，通常具 4~5 条褶片。①②③

相近种 **独花兰** ***Changnienia amoena*** S. S. Chien 花单朵顶生，白色，带肉红色或淡紫色晕，唇瓣有紫红色斑点④。

liècúnshéhuìlán

裂唇舌喙兰

Hemipilia henryi Rolfe

科属：兰科，舌喙兰属。

生境：多岩石的地方。

花期：8 月。

近危种。直立地生草本。茎基部具 1 枚叶和 2~4 枚鞘状叶。叶卵形，先端尖或具短尖，基部心形或近圆，抱茎。花序具 3~9 朵花。苞片披针形；花紫红色，较大；中萼片卵状椭圆形，长 6~7 毫米，侧萼片较中萼片长，近宽卵形，斜歪，上面被细小乳突；花瓣斜菱状卵形，上面具不明显乳突，唇瓣宽倒卵状楔形，3 裂，侧裂片三角形或近长圆形，先端钝或具不整齐细齿，中裂片近方形，先端 2 裂，具细尖，距窄圆锥形，基部较宽，向末端渐窄，末端有时钩状。①②③④

shànmàisháolán

扇脉杓兰

Cypripedium japonicum Thunb.

科属：兰科，杓兰属。

生境：山区湿润和腐殖质丰富处。

花期：4~5 月。

地生草本。茎直立，被褐色长柔毛。叶常 2 枚，近对生，生于植株近中部。叶扇形，上部边缘钝波状，基部近楔形，具扇形辐射状脉直达边缘。花序顶生花 1 朵。花俯垂；萼片和花瓣淡黄绿色，基部多少有紫色斑点，唇瓣淡黄绿色或淡紫白色；中萼片窄椭圆形或窄椭圆状披针形；花瓣斜披针形，唇瓣下垂，囊状，位于前方，周围有凹槽呈波状缺齿。①②③

相近种　**绿花杓兰** ***Cypripedium henryi*** Rolfe 花序顶生，具花 2~3 朵，花绿色或绿黄色④。

diàoshíjùtái

吊石苣苔

Lysionotus pauciflorus Maxim.

科属：苦苣苔科，吊石苣苔属。

生境：山地林中、阴处石崖上或树上。

花期：7~10 月。

小灌木。叶 3 枚轮生，有时对生或 4 枚轮生，革质，形状变化大，边缘在中部以上具齿或近全缘。花序有花 1~2 朵，多至具花 5 朵，花萼裂片窄三角形，花冠白色带淡紫色条纹或淡紫色，筒细漏斗状，裂片上 2 枚下 3 枚，上唇显著短于下唇；具 3 枚退化雄蕊。蒴果。①②③④

lièyèdìhuáng

裂叶地黄

Rehmannia piasezkii Maxim.

科属：玄参科，地黄属。
生境：山坡。
花期：5~9月。

多年生草本。具根茎。叶长椭圆形，羽状分裂，裂片近三角形，边缘具尖齿，具长翅状柄。花单生上部叶腋，具花梗；小苞片2枚，与叶同形，不具柄；萼齿5枚，彼此不等；花冠紫红色，花冠筒前端扩大，多少囊状；上唇裂片横长圆形，下唇裂片3枚。①②③

相近种　**地黄** ***Rehmannia glutinosa*** (Gaertn.) Libosch. ex Fisch. & C.A. Mey. 花冠较短，花冠筒狭长④。

tōngquáncǎo

通泉草

Mazus pumilus (Burm. f.) Steenis

科属：玄参科，通泉草属。

生境：湿润的草坡、沟边、路旁及林缘。

花期：4~10 月。

一年生草本。茎直立，上升或倾卧状上升。基生叶有时成莲座状或早落，倒卵状匙形至卵状倒披针形，茎生叶对生或互生，少数，与基生叶相似或几乎等大。总状花序生于茎、枝顶端，常在近基部即生花，伸长或上部成束状，花疏稀；花冠白色、紫色或蓝色，上唇裂片卵状三角形，下唇中裂片较小，稍突出，倒卵圆形。蒴果圆形。①②③④

guāyèwūtóu

瓜叶乌头

Aconitum hemsleyanum E. Pritz.

科属：毛茛科，乌头属。
生境：山地丛林中。
花期：9~10月。

多年生缠绕草本。茎缠绕，常带紫色，分枝。茎中部叶近五角形，基部心形或近截形，3深裂至近基部，中裂片不明显3浅裂；叶柄稍短于叶片。总状花序生茎或分枝顶端，有花2~6朵；下部苞片叶状，上部苞片小，线形；花梗常弧曲，下垂；萼片深蓝色，上萼片高盔形或圆筒状盔形，下缘直或稍凹，侧萼片近圆形；唇约为瓣长一半，距向后弯或拳转。①②③

相近种 川鄂乌头 ***Aconitum henryi*** E. Pritz. 叶掌状全裂，中全裂片不分裂，披针形或披针状菱形，边缘有粗齿④。

qiānqūcài

千屈菜

Lythrum salicaria L.

科属：千屈菜科，千屈菜属。

生境：河岸、湖畔、溪沟边和潮湿草地。

花期：7~9 月。

多年生草本。宿根木质状。茎直立，多分枝，四棱形或六棱形。叶对生或 3 枚轮生，狭披针形，先端钝或渐尖，基部心形或圆形，无柄，有时略抱茎，全缘。总状花序顶生；苞片阔披针形或三角状卵形。花两性，数朵簇生于叶状苞片腋内，具短梗；花萼筒状，顶端具 6 枚三角形裂片；附属体线状，直立；花瓣 6 枚，紫色，生于萼筒上部；雄蕊 12 枚，6 长 6 短，排成 2 轮；子房上位，2 室。蒴果包藏于萼内，椭圆形，2 裂，裂片再 2 裂。①②③④

shānmàidōng

山麦冬

Liriope spicata (Thunb.) Lour.

科属：百合科，山麦冬属。

生境：山坡、山谷林下、路旁或湿地。

花期：5~7月。

多年生草本。植株有时丛生。叶基部常具褐色叶鞘，具细锯齿。总状花序具多花，花常2~5朵簇生苞片腋内，苞片小，披针形，干膜质。花梗关节生于中部以上或近顶端；花被片长圆形、长圆状披针形，先端钝圆，淡紫色或淡蓝色；子房近圆形，花柱稍弯，柱头不明显。种子近圆形。①②③

相近种　**阔叶山麦冬** ***Liriope muscari*** (Decne.) L. H. Bailey 叶宽。总状花序具多花，花3~8朵簇生苞片腋内，苞片近刚毛状，小苞片干膜质。花梗关节生于中部或中部偏上④。

bādōngzuìyúcǎo

巴东醉鱼草 白花醉鱼草

Buddleja albiflora Hemsl.

科属：马钱科，醉鱼草属。

生境：山地灌木丛中或林缘。

花期：2~9 月。

灌木。叶对生，纸质，披针形或长椭圆形，先端渐尖，基部楔形或圆形，具重锯齿。圆锥聚伞花序顶生。花萼钟状；花冠淡紫色，后变白色，喉部橙黄色，芳香，花冠筒中部以上及喉部被长髯毛，雄蕊着生花冠筒喉部。蒴果长圆形。①②

相近种　**大叶醉鱼草** ***Buddleja davidii*** Franch. 聚伞花序顶生，呈总状或圆锥状，花冠淡紫色、黄白色至白色，裂片全缘或具不整齐锯齿③。**醉鱼草** ***Buddleja lindleyana*** Fortune 穗状聚伞花序顶生，花紫色，芳香，花萼钟状，花冠筒弯曲④。

héběimùlán

狼牙草，野蓝枝子 **河北木蓝**

Indigofera bungeana Walp.

科属：豆科，木蓝属。
生境：山坡林缘及灌木丛中。
花期：5~8 月。

直立灌木。羽状复叶，叶柄显著，叶轴上面有槽；小叶 2~4 对，对生，椭圆形。总状花序腋生；总花梗较叶柄短；苞片线形；花萼萼齿近相等，三角状披针形，与萼筒近等长；花冠紫色或紫红色，旗瓣阔倒卵形，翼瓣与龙骨瓣等长，龙骨瓣有距。荚果褐色，线状圆柱形，种子间有横隔，内果皮有紫红色斑点。①②③

相近种 **木蓝** ***Indigofera tinctoria*** L. 花萼钟状，萼齿三角形，与萼筒近等长；花冠红色，旗瓣宽倒卵形，翼瓣略短，龙骨瓣与旗瓣等长④。

zǐténg

紫藤

Wisteria sinensis (Sims) Sweet

科属：豆科，紫藤属。

生境：山地森林。

花期：4~5 月。

大型藤本。茎粗壮，左旋；嫩枝黄褐色。羽状复叶，纸质，卵状椭圆形或卵状披针形，先端小叶较大，先端渐尖或尾尖，基部钝圆或楔形，或歪斜，小托叶刺毛状。总状花序生于去年短枝的叶腋或顶芽，先叶开花。花冠紫色，旗瓣反折，基部有 2 枚柱状胼胝体；子房密被茸毛。荚果线状倒披针形，成熟后不脱落。①②③

相近种 **香花鸡血藤** ***Callerya dielsiana*** (Harms) P. K. Loc ex Z. Wei & Pedley 圆锥花序顶生，花序伸长，分枝细，花冠紫红色，无胼胝体④。

zǐwēi

百日红，痒痒树 **紫薇**

Lagerstroemia indica L.

科属：千屈菜科，紫薇属。

生境：半阴生。

花期：6~9月。

落叶灌木或小乔木。小枝纤细，具4棱，略成翅状。叶互生或有时对生，纸质，椭圆形至倒卵形，先端短尖或钝，基部宽楔形或近圆形。花淡红色、紫色或白色，常组成顶生圆锥花序。花瓣6枚，皱缩，具长爪，雄蕊多枚，6枚着生于花萼上，显著较长。蒴果椭圆状圆形或宽椭圆形。①②③

相近种 **南紫薇** ***Lagerstroemia subcostata*** Koehne 花密生，白色或玫瑰色④。

luòxīnfù

落新妇 红升麻，马尾参

Astilbe chinensis (Maxim.) Franch. & Sav.

科属：虎耳草科，落新妇属。

生境：山谷、溪边、林地、草甸等处。

花期：6~9 月。

多年生草本。直立。基生叶二至三回三出复叶，小叶卵状长圆形至卵形，边缘具齿；茎生叶 2~3 枚，较小。圆锥花序顶生，较狭；苞片卵形，较花萼稍短；花萼 5 枚，深裂；花瓣 5 枚，淡紫色至紫红色，条形；雄蕊 10 枚，花丝青紫色；花药紫色，成熟后呈米色；心皮 2 枚。蓇果。①②

相近种　**假升麻** ***Aruncus sylvester*** Kostel. ex Maxim. 穗状圆锥花序，苞片线状披针形，花瓣白色，倒卵形③。**升麻** ***Cimicifuga foetida*** L. 萼片白色，倒卵状圆形，雄蕊多数④。

xiàkūcǎo

金疮小草 夏枯草

Prunella vulgaris L.

科属：唇形科，夏枯草属。

生境：荒坡、草地、溪边及路旁等湿润处。

花期：4~6月。

多年生草本。茎基部多分枝，紫红色。叶卵状长圆形或卵形，先端钝，基部圆形、平截或宽楔形下延，具浅波状齿或近全缘。穗状花序，苞叶近卵形，苞片淡紫色，宽心形，花萼钟形，花冠紫色、红紫色或白色，上唇近圆形，稍盔状，下唇中裂片近心形，具流苏状小裂片；雄蕊二强，前对雄蕊较长。小坚果长圆状卵圆形。①②③

相近种　夏至草 ***Lagopsis supina*** (Steph. ex Willd.) Ikonn.-Gal. ex Knorring 轮伞花序，小苞片弯刺状。花冠白色，稀粉红色，稍伸出④。

wànshòuzhú

万寿竹

Disporum cantoniense (Lour.) Merr.

科属：百合科，万寿竹属。
生境：灌丛中或林下。
花期：5~7 月。

多年生直立草本。根状茎粗，多少匍匐。根粗长，肉质。茎上部有较多叉状分枝。叶纸质，披针形或窄椭圆状披针形，先端渐尖或长渐尖，基部近圆形。伞形花序有花 3~10 朵，着生于与上部叶对生的短枝顶端。花紫色，花被片斜出，倒披针形，边缘有乳头状突起；雄蕊内藏。浆果。①②③

相近种 **长蕊万寿竹** ***Disporum bodinieri*** (H. Lév. & Vaniot) F. T. Wang & Tang 伞形花序花较少，花被片白色或黄绿色，倒卵状披针形；花丝等长或稍长于花被片，花药伸出花被④。

dàyèsuìmǐjì

半边菜，普贤菜 大叶碎米荠

Cardamine macrophylla Willd.

科属：十字花科，碎米荠属。

生境：山谷阴湿地及山坡林下。

花期：4~10月。

多年生草本。高35~65厘米。茎生叶有小叶4~5对，有时3~6对，顶生小叶与侧生小叶相似，卵状披针形、宽披针形或狭披针形，顶端渐尖或长渐尖，边缘有不整齐的锯齿或钝锯齿；顶生小叶基部楔形，无柄，侧生小叶基部不等而多少下延成翅状，小叶片薄纸质，两面散生短柔毛或有时均无毛。总状花序多花；花瓣紫色、淡紫色或紫红色，长椭圆状楔形或倒卵楔形，顶端圆，花丝扁平而显著扩大；雌蕊花柱短，柱头扁圆形。长角果条形而微扁。①②③④

dōngqīng

冬青

Ilex chinensis Sims

科属：冬青科，冬青属。

生境：山坡常绿阔叶林中和林缘。

花期：4~6 月。

常绿乔木。叶椭圆形或披针形，稀卵形，先端渐尖，基部楔形，具圆齿。复聚伞花序单生叶腋。花淡紫色或紫红色，4~5 基数；花萼裂片宽三角形；花瓣卵形；雄蕊短于花瓣；退化子房圆锥状。雌花序为一至二回聚伞花序，具花 3~7 朵；花被同雄花；退化雄蕊长为花瓣 1/2。果长圆形，熟时红色。①②③

相近种　**满树星** ***Ilex aculeolata*** Nakai 花白色，芳香，4~5 基数④。

ālābópópónà

波斯婆婆纳 **阿拉伯婆婆纳**

Veronica persica Poir.

科属：玄参科，婆婆纳属。
生境：路边或荒野地。
花期：3~5月。

铺散多分枝草本。叶2~4对，卵形或圆形，基部浅心形，平截或浑圆，边缘具钝齿。总状花序梗比叶柄长数倍，苞片互生，与叶同形近等大，花萼果期增大，裂片卵状披针形，花冠蓝色、紫色或蓝紫色，裂片卵形或圆形；雄蕊短于花冠。蒴果肾形，宿存花柱超出凹口。种子背面具深横纹。①②③

相近种 **婆婆纳** ***Veronica polita*** Fr. 花冠淡紫色、蓝色、粉色或白色，裂片圆形至卵形；雄蕊比花冠短④。

jiégěng

桔梗 铃当花

Platycodon grandiflorus (Jacq.) A. DC.

科属：桔梗科，桔梗属。

生境：阳处草丛、灌丛中，少生于林下。

花期：7~9 月。

多年生草本。茎直立，不分枝。叶轮生、部分轮生至全部互生，卵形、卵状椭圆形或披针形。花单朵顶生，或数朵集成假总状花序，或有花序分枝而集成圆锥花序；花冠漏斗状钟形，蓝色或紫色，5 裂；雄蕊 5 枚，离生，花丝基部扩大成片状，且在扩大部分有毛；蒴果球状、球状倒圆锥形或倒卵圆形。①②③

相近种 **紫斑风铃草** ***Campanula punctata*** Lam. 花顶生于主茎及分枝顶端，下垂；花冠白色，带紫斑，筒状钟形④。

shāshēn

杏叶沙参 **沙参**

Adenophora stricta Miq.

科属：桔梗科，沙参属。
生境：低山草丛中和岩石缝中。
花期：8~10月。

多年生草本。茎不分枝。基生叶心形，大而具长柄；茎生叶无柄，叶椭圆形或窄卵形。窄圆锥花序，常不分枝而成假总状花序。花梗极短；萼筒常倒卵状，裂片多钻形；花冠宽钟状，蓝色或紫色；花柱常稍长于花冠。①②③

相近种　细叶沙参 ***Adenophora capillaris*** subsp. ***paniculata*** (Nannf.) D. Y. Hong & S. Ge 圆锥花序，花冠细小，近筒状，浅蓝色④。

xìngyèshāshēn

杏叶沙参 宽裂沙参

Adenophora petiolata subsp. ***hunanensis*** (Nannf.) D.Y.Hong & S.Ge

科属：桔梗科，沙参属。

生境：山坡草地和林缘草地。

花期：7~9月。

多年生草本。茎生叶至少下部的具柄，很少近无柄，叶片卵圆形至卵状披针形，基部常楔状渐尖，或近于平截而突然变窄，沿叶柄下延，顶端急尖至渐尖，边缘具疏齿。花序分枝长，几乎平展或弓曲向上，常组成大而疏散的圆锥花序。花梗极短而粗壮；花萼筒部倒圆锥状，裂片卵形至长卵形，基部通常彼此重叠；花冠钟状，蓝色、紫色或蓝紫色，裂片三角状卵形，为花冠长的1/3；花盘短筒状；花柱与花冠近等长。蒴果球状椭圆形，或近于卵状。①②③④

fèngyǎnlán

凤眼莲，水葫芦 **凤眼蓝**

Eichhornia crassipes (Mart.) Solms

科属：雨久花科，凤眼蓝属。

生境：水塘、沟渠及稻田中。

花期：7~10月。

浮水草本。茎极短，具长匍匐枝。叶基生，莲座状排列，5~10枚，圆形、宽卵形或宽菱形，先端钝圆或微尖，基部宽楔形，全缘，具弧形脉，上面深绿色，光亮，质厚；叶柄中部膨大成囊状或纺锤形，基部有鞘状苞片。穗状花序从叶柄基部的鞘状苞片腋内伸出，常具花9~12朵。花被片基部合生成筒，近基部有腺毛，裂片6枚，花瓣状，卵形、长圆形或倒卵形，紫蓝色，花冠近两侧对称，上方1枚裂片较大，蓝色的中央有1个黄色圆斑。①②③④

liúlícǎo

琉璃草

Cynoglossum furcatum Wall.

科属：紫草科，琉璃草属。

生境：林间草地、向阳山坡及路边。

花期：5~10 月。

直立草本。茎单一或丛生。基生叶及茎下部叶具柄，长圆形或长圆状披针形，先端钝，基部渐狭，上部叶无柄，狭小。花序顶生及腋生，分枝钝角叉状分开，花萼果期稍增大，花冠蓝色，漏斗状，喉部有 5 个梯形附属物；花丝基部扩张，花柱肥厚，略四棱形。小坚果卵圆形。①②③④

mǔjīng

牡荆

Vitex negundo var. ***cannabifolia***

(Siebold & Zucc.) Hand.-Mazz.

科属：马鞭草科，牡荆属。

生境：山坡路边灌丛中。

花期：6~7 月。

落叶灌木或小乔木。小枝四棱形。叶对生，掌状复叶，小叶 5 枚，少有 3 枚；小叶片披针形或椭圆状披针形，顶端渐尖，基部楔形，边缘有粗锯齿，表面绿色，背面淡绿色，通常被柔毛。圆锥花序顶生，花冠淡紫色。果实近圆形，黑色。①②③

相近种　**黄荆** ***Vitex negundo*** L. 小枝四棱形。掌状复叶，小叶 5 枚，全缘或每边有少数粗锯齿。聚伞圆锥花序；花冠淡紫色，被绒毛，5 裂，二唇形；雄蕊伸出花冠④。

jīngǔcǎo

筋骨草

Ajuga ciliata Bunge

科属：唇形科，筋骨草属。

生境：山谷溪旁阴湿处及路旁草丛中。

花期：4~8月。

多年生草本。叶卵状椭圆形或窄椭圆形，基部楔形下延，不整齐重牙齿及缘毛；叶柄短至近无，基部抱茎。轮伞花序组成穗状花序；苞叶卵形，全缘或稍具缺刻。花萼漏斗状钟形，萼齿长三角形或窄三角形；花冠紫色或白色，具蓝色条纹，基部具毛环，上唇先端圆，微缺，下唇中裂片倒心形，侧裂片线状长圆形。①②③

相近种　金疮小草 ***Ajuga decumbens*** Thunb. 轮伞花序多花，下部疏生，上部密集；苞叶披针形。花萼漏斗形；花冠淡紫色、淡红色或白色，筒状内具毛环④。

wūtóu

乌头

草乌，乌药

Aconitum carmichaelii Debeaux

科属：毛茛科，乌头属。
生境：山地草坡或灌丛中。
花期：9~10月。

直立草本。叶互生，叶片五角形，基部浅心形，近羽状分裂，二回裂片约2对。总状花序顶生；萼片蓝紫色，上萼片高盔形，下缘稍凹，喙不明显。①②

相近种　**高乌头** ***Aconitum sinomontanum*** Nakai 总状花序花密集，萼片蓝紫色或淡紫色，上萼片圆筒形，外缘在中部之下稍缢缩；花瓣长，唇舌形，距向后拳卷③。**牛扁** ***Aconitum barbatum*** var. ***puberulum*** Ledeb. 叶分裂程度较小。萼片黄色，外面密被短柔毛，上萼片圆筒形；花瓣无毛，距比唇稍短，直或稍向后弯曲④。

dānshēn

丹参 奔马草，赤参

Salvia miltiorrhiza Bunge

科属：唇形科，鼠尾草属。

生境：山坡、林下草丛或溪谷旁。

花期：4~8 月。

多年生草本。茎多分枝。主根肉质，深红色。奇数羽状复叶，小叶 3~7 枚，卵形至宽披针形，先端尖或渐尖，基部圆或偏斜，具圆齿。轮伞花序具花 6 至多朵，组成长总状花序，苞片披针形。花萼钟形，带紫色；花冠紫蓝色，上唇镰形，下唇中裂片先端 2 裂，裂片顶端具不整齐尖齿，侧裂片圆形；花柱伸出。①②③

相近种 **华鼠尾草** ***Salvia chinensis*** Benth. 叶全为单叶或下部为三出复叶，叶片卵圆形；圆锥花序，花冠蓝紫色④。

lánxiāngcǎo

兰香草

Caryopteris incana
(Thunb. ex Houtt.) Miq.

科属：马鞭草科，莸属。
生境：较干旱的山坡、路旁或林边。
花期：6~10月。

亚灌木。叶披针形、卵形或长圆形，先端尖，基部宽楔形或稍圆，具粗齿。伞房状聚伞花序密集，无苞片及小苞片。花萼杯状；花冠淡蓝色或淡紫色，下唇中裂片边缘流苏状；子房顶端被短毛。蒴果倒卵状圆形，果瓣具宽翅。①②③

相近种　**牛至** ***Origanum vulgare*** L. 穗状花序长圆柱形；苞叶多无柄，带紫色。花冠紫红色或白色，管状钟形；两性花冠筒伸出花萼，下唇裂片长圆状卵形④。

qīngjiáyè

青荚叶 大叶通草，叶上珠

Helwingia japonica (Thunb.) F. Dietr.

科属：青荚叶科，青荚叶属。

生境：林中。

花期：4~5月。

落叶灌木。枝上叶痕显著。叶纸质，卵形或宽卵形，稀椭圆形，先端渐尖，基部宽楔形或近圆形，边缘具刺状细锯齿；托叶线状分裂。花小，淡绿色，3~5 基数；花萼小；花瓣长 1~2 毫米。雄花 4~12 朵呈伞形或密伞形花序，生叶上面中脉 1/3~1/2 处；雄蕊 3~5 枚，花药卵圆形。雌花 1~3 朵，生叶面上 1/3~1/2 处；子房卵圆形或圆形，花柱短，柱头 3~5 裂。浆果成熟时黑色，具 3~5 粒种子。①②③④

shāntóngzǐ

斗霜红，椅树 山桐子

Idesia polycarpa **Maxim.**

科属：大风子科，山桐子属。

生境：山地沟谷、溪畔阔叶林中。

花期：5~6月。

落叶乔木。幼枝疏被柔毛。叶互生，卵圆形或卵形，先端渐尖，基部心形，掌状5出脉，疏生锯齿。圆锥花序顶生或腋生，下垂，花单性，黄绿色，雌雄异株，花下位，萼片长圆形，无花瓣，雄花雄蕊多数，花丝不等长，着生于花盘上，退化子房极小，雌花退化雄蕊多数。浆果红色，圆形，种子卵圆形。①②③④

duōhuāhuángjīng

多花黄精 山捣臼，长叶黄精

Polygonatum cyrtonema Hua

科属：百合科，黄精属。

生境：林下、灌丛或山坡阴处。

花期：5~6月。

近危种。多年生草本。根状茎肥厚，通常连珠状或结节成块。茎通常具10~15枚叶。叶互生，椭圆形至矩圆状披针形，先端尖至渐尖。花序常具花2~7朵，伞形；苞片微小，位于花梗中部以下，或不存在；花被黄绿色，裂片极短；花丝两侧扁或稍扁，顶端稍膨大乃至具囊状突起。浆果黑色，具3~9粒种子。①②③

相近种　玉竹 ***Polygonatum odoratum*** (Mill.) Druce 根状茎圆柱形。花序具花1~4朵；花被黄绿色或白色，花被筒较直，裂片略长；花丝丝状④。

yóudiǎncǎo

油点草

Tricyrtis macropoda Miq.

科属：百合科，油点草属。

生境：山地林下、草丛中或岩石缝隙中。

花期：6~10月。

多年生草本。叶卵状椭圆形至矩圆状披针形，先端渐尖，基部心形抱茎或无柄。二歧聚伞花序顶生或生于上部叶腋，花疏散；花被片绿白色或白色，内面具多数紫红色斑点，卵状椭圆形至披针形，开放后自中下部向下反折；外轮3片较内轮为宽，在基部向下延伸而呈囊状；雄蕊约等长于花被片；柱头稍微高出雄蕊或有时近等高，3裂。①②③

相近种　**黄花油点草** ***Tricyrtis pilosa*** Wall. 花完全开放后，花被片向上斜展或近水平伸展④。

qīyèyīzhīhuā

七叶一枝花 蚤休

Paris polyphylla Sm.

科属：百合科，重楼属。

生境：林下。

花期：4~6月。

多年生草本。根茎肉质。叶5~11枚，长圆形、倒卵状长圆形或倒披针形，绿色，膜质或纸质；具叶柄。花梗明显，花3~7基数；萼片绿色，披针形，花瓣线形，有时具短爪，黄绿色，有时基部黄绿色，上部紫色；子房紫色，具棱或翅。蒴果近圆形，绿色，不规则开裂。①②

相近种　**延龄草** ***Trillium tschonoskii*** Maxim. 叶一轮3枚，花3基数，内轮花被片比外轮花被片稍狭③。**华重楼** ***Paris polyphylla*** var. ***chinensis*** (Franch.) H. Hara 内轮花被片狭条形，通常中部以上变宽④。

春兰

Cymbidium goeringii (Rchb. f.) Rchb. f.

科属：兰科，兰属。

生境：多石山坡、林缘、林中透光处。

花期：1~3 月。

易危种。常绿多年生草本。地生。叶 4~7 枚，带形，下部常多少对折呈“V”形。花葶直立，花序具单花，稀 2 朵。花常绿色或淡褐黄色，有紫褐色脉纹，有香气；萼片近长圆形；花瓣倒卵状椭圆形；唇瓣近卵形，微 3 裂，侧裂片直立，内侧近褶片有肥厚皱褶状物，中裂片边缘略波状，唇盘 2 个褶片上部内倾靠合，多少形成短管状。①②③

相近种　**蕙兰** ***Cymbidium faberi*** Rolfe 花序具花 5~11 朵，常淡黄绿色，唇瓣有紫红色斑④。

huālǔmù

花榈木 臭桶柴，红豆树

Ormosia henryi Prain

科属：豆科，红豆属。

生境：山坡、溪谷两旁杂木林内。

花期：7~8 月。

易危种。常绿乔木。小枝、花序、叶柄和叶轴密被锈褐色茸毛。奇数羽状复叶，具小叶 3~7 枚；小叶革质，边缘微反卷。圆锥花序顶生，如为总状花序则腋生。花萼钟状，5 齿裂至 2/3 处，花冠中央淡绿色，边缘绿色微带淡紫色，旗瓣近圆形，翼瓣与龙骨瓣均短于旗瓣。荚果长椭圆形。种子鲜红色，有光泽。①②③

相近种 **红豆树** ***Ormosia hosiei*** Hemsl. & E. H. Wilson 花冠白色或淡紫色，果瓣内壁不形成横隔④。

hútáo

核桃 胡桃

Juglans regia L.

科属：胡桃科，胡桃属。

生境：山地、丘陵、平原地区常见栽培。

花期：4~5月。

易危种。落叶乔木。奇数羽状复叶，小叶通常 5~9 枚，稀 3 枚，椭圆状卵形，顶端钝圆或急尖，基部歪斜、近于圆形，边缘全缘或幼树叶具齿，侧生小叶具极短的小叶柄或近无柄，顶生小叶常具长柄。雄性葇荑花序下垂，雄花具雄蕊 6~30 枚。雌性穗状花序通常具 1~3 朵雌花。果序短，具 1~3 个近球状果实。①②③

相近种　胡桃楸 ***Juglans mandshurica*** Maxim. 奇数羽状复叶，具小叶 9~17 枚。雄蕊约 13 枚，花药被毛。雌花序轴密被深褐色毛④。

làbànhuā

蜡瓣花

Corylopsis sinensis Hemsl.

科属：金缕梅科，蜡瓣花属。
生境：森林、山地。
花期：3~4 月。

落叶灌木。叶倒卵形，先端骤尖，基部不等侧心形，具锯齿；叶柄长 1 厘米，托叶窄长圆形。总状花序，总苞片卵圆形，苞片卵形，萼筒被星状毛，萼齿卵形；花瓣匙形；雄蕊较花瓣短，退化雄蕊 2 裂。蒴果近圆形。①②

相近种　**金缕梅** ***Hamamelis mollis*** Oliv. 近头状花序腋生，具花数朵，无花梗。萼筒与子房合生；花瓣黄白色③。**牛鼻栓** ***Fortunearia sinensis*** Rehder & E. H. Wilson 花单性或杂性，顶生总状花序具两性花；花瓣 5 枚，针形或披针形④。

máli

栎，橡碗树 **麻栎**

Quercus acutissima Carruth.

科属：壳斗科，栎属。

生境：山地林中。

花期：3~4 月。

高大落叶乔木。树皮深纵裂。叶长椭圆状披针形，先端长渐尖，基部近圆形或宽楔形，叶缘有刺芒状锯齿，叶片两面同色。雄花序常数个集生于当年生枝下部叶腋，有花 1~3 朵。壳斗杯状，线形苞片外曲；果卵圆形或椭圆形，顶端圆形，果脐突起。①②

相近种　**槲树** ***Quercus dentata*** Thunb. 叶片倒卵形，叶缘波状裂片或粗锯齿。雄花序生于新枝叶腋，花数朵簇生于花序轴上③。**栓皮栎** ***Quercus variabilis*** Blume 树皮黑褐色，深纵裂，木栓层发达；雄花序长达 14 厘米④。

māorshǐ

猫儿屎 矮杞树，猫屎瓜

Decaisnea insignis (Griff.) Hook. f. & Thomson

科属：木通科，猫儿屎属。

生境：山坡灌丛或沟谷杂木林下阴湿处。

花期：4~6 月。

落叶灌木。奇数羽状复叶着生茎顶，小叶 13~25 枚。总状花序或组成圆锥状花序，顶生或腋生，果时花序轴和花梗木质化。雌雄同株，雌花与雄花等大，淡绿黄色；具花梗；萼片 6 枚，2 轮，披针形；无花瓣；雄蕊 6 枚，花丝合生成花丝筒；心皮 3 枚。浆果圆柱状，稍弯曲，成熟时蓝色或蓝紫色，被白粉，具颗粒状小突起。①②③④

shuǐsīlí

水丝梨

Sycopsis sinensis Oliv.

科属：金缕梅科，水丝梨属。
生境：山地常绿林及灌丛。
花期：4~6 月。

常绿乔木。叶革质，长卵形或披针形，先端渐尖，基部楔形或钝，全缘或中部以上有几枚小锯齿；雄花穗状花序密集，近似头状，苞片红褐色，卵圆形，有星毛；萼筒极短，萼齿细小；雄蕊 10~11 枚，花药红色；退化雌蕊有丝毛，反卷。雌花或两性花 6~14 朵排成短穗状花序；萼筒壶形，子房上位。蒴果，萼筒和花柱宿存。种子褐色。①②③④

zhōngguójīngjiéhuā

中国旌节花

Stachyurus chinensis Franch.

科属：旌节花科，旌节花属。
生境：山坡谷地林中或林缘。
花期：3~4 月。

落叶灌木。小枝粗壮，圆柱形，具淡色椭圆形皮孔。叶于花后发出，互生，纸质至膜质，卵形至长圆状椭圆形，先端渐尖或短尾状渐尖，基部钝圆形或近心形，具圆齿状锯齿，叶柄通常暗紫色。穗状花序腋生，先叶开放。花黄色，萼片 4 枚，黄绿色，卵形，花瓣 4 枚，卵形；雄蕊 8 枚，与花瓣等长；子房瓶状。柱头头状，不裂。果圆球形。①②③④

máoyèlílú

人头发 # 毛叶藜芦

Veratrum grandiflorum
(Maxim. ex Baker) Loes.

科属：百合科，藜芦属。
生境：山坡林下或湿生草丛中。
花期：7~8 月。

1

2

3

4

多年生草本。植株基部具无网眼的纤维束。叶宽椭圆形或长圆状披针形，下面的叶较大，长可达 26 厘米，先端钝圆或渐尖，无柄，基部抱茎，下面密被褐色或淡灰色短柔毛。圆锥花序塔状，侧生总状花序直立或斜升，顶生总状花序较侧生的长。花大而密，绿白色；花被片宽长圆形或椭圆形，先端钝，基部稍具爪，边缘啮蚀状，外花被片背面尤其中下部密被短柔毛；花梗短于小苞片；雄蕊长约为花被片的 3/5；子房密被短柔毛。蒴果。①②③④

kǔpíténg

苦皮藤 苦树皮，老虎麻

Celastrus angulatus Maxim.

科属：卫矛科，南蛇藤属。
生境：山地丛林及山坡灌丛中。
花期：5~6 月。

①

②

③

④

落叶藤状灌木。小枝常具 4~6 条纵棱。叶大，近革质，长方阔椭圆形至圆形，先端圆阔，中央具尖头；具叶柄。聚伞圆锥花序顶生；小花梗较短，关节在顶部；雄蕊着生花盘之下，在雌花具退化雄蕊；雌蕊子房球状，柱头反曲，雄花具退化雌蕊。蒴果近球状。①②③

相近种　南蛇藤 ***Celastrus orbiculatus*** Thunb. 聚伞花序腋生，间有顶生，花序有花 1~3 朵。关节在花梗中下部或近基部；雄花萼片钝三角形；花瓣倒卵状或长圆形④。

chòuchūn

臭椿

Ailanthus altissima (Mill.) Swingle

科属：苦木科，臭椿属。

生境：多种生境可见。

花期：4~5 月。

落叶乔木。高达 20 余米。嫩枝被黄色或黄褐色柔毛，后脱落。奇数羽状复叶，小叶 13~27 枚，对生或近对生，纸质，卵状披针形，先端长渐尖，基部平截或稍圆，全缘，具 1~3 对粗齿，齿背有腺体，下面灰绿色。圆锥花序长达 30 厘米，花淡绿色，5 基数。翅果长椭圆形。①②③

相近种　**香椿** ***Toona sinensis*** (Juss.) M. Roem. 偶数羽状复叶；花瓣 5 枚，白色，长圆形；雄蕊 10 枚，5 枚能育；蒴果狭椭圆形④。

wútóng

梧桐

Firmiana simplex (L.) W. Wight

科属：梧桐科，梧桐属。

生境：广泛栽培。

花期：6月。

落叶乔木。树皮青绿色，平滑。叶心形，掌状 3~5 裂，直径 15~30 厘米，裂片三角形，顶端渐尖，基部心形，两面均无毛，叶柄与叶片等长。圆锥花序顶生，花淡黄绿色；萼 5 深裂几至基部，萼片条形，向外卷曲。蓇葖果膜质，有柄，成熟前开裂成叶状，外面被短茸毛或几无毛，每蓇葖果有种子 2~4 粒；种子圆球形，表面有皱纹，直径约 7 毫米。①②③④

yěyāchūn

野鸦椿

红椋，山海椒

Euscaphis japonica (Thunb.) Kanitz

科属：省沽油科，野鸦椿属。
生境：山谷、疏林。
花期：5~6月。

落叶小乔木或灌木。小枝及芽红紫色，枝叶揉碎后有气味。叶厚纸质，长卵形至圆形，先端渐尖，基部钝圆，疏生短齿，齿尖有腺体。多花密生圆锥花序顶生，花序梗长，花黄白色，宿存萼片与花瓣5枚，离生心皮3枚。蓇葖果果皮软革质，紫红色，种子近圆形，假种皮肉质，黑色，有光泽。①②③④

hēiqiàonán

黑壳楠

Lindera megaphylla Hemsl.

科属：樟科，山胡椒属。

生境：山坡、谷地湿润林地或灌丛中。

花期：2~4 月。

常绿乔木。叶集生枝顶，倒披针形或倒卵状长圆形，先端尖或渐尖，基部窄楔形。伞形花序多花。雄花花被片 6 枚，椭圆形；雌花花被片 6 枚，线状匙形；花柱纤细，柱头盾形；退化雄蕊 9 枚，第 3 轮花丝中部具 2 个有柄三角漏斗形腺体。①②③

相近种　宜昌润楠 ***Machilus ichangensis*** Rehder & E. H. Wilson 叶长圆状披针形至长圆状倒披针形，坚纸质④。

zéqī

五灯草，五朵云 **泽漆**

***Euphorbia helioscopia* L.**

科属：大戟科，大戟属。
生境：山沟、路旁、荒野和山坡。
花期：4~10月。

一年生草本。叶互生，倒卵形或匙形，先端具牙齿。总苞叶5枚，倒卵状长圆形，总伞辐5枝；苞叶2枚，卵圆形，先端具牙齿，基部圆。花序单生，有梗或近无梗；总苞钟状，边缘5裂，裂片半圆形，边缘和内侧具柔毛，腺体4个，盘状，中部内凹，盾状着生于总苞边缘，具短柄，淡褐色。雄花数朵，伸出总苞；雌花1朵，子房柄微伸出总苞边缘。蒴果二棱状宽圆形，具3条纵沟。①②③④

duōhuāgōurchá

多花勾儿茶 扁担藤，金刚藤

Berchemia floribunda (Wall.) Brongn.

科属：鼠李科，勾儿茶属。
生境：山坡、沟谷、林缘、林下或灌丛中。
花期：7~10月。

①

②

③

④

藤状或直立灌木。叶纸质，上部叶卵形、卵状椭圆形或卵状披针形，先端尖，下部叶椭圆形，先端钝或圆，稀短渐尖，基部圆，稀心形；托叶窄披针形，宿存。花常数朵簇生成顶生宽聚伞圆锥花序，花梗极短；萼片三角形；花瓣倒卵形，雄蕊与花瓣等长。①②③

相近种 勾儿茶 ***Berchemia sinica*** C. K. Schneid. 花黄色或淡绿色，单生或数朵簇生，在侧枝顶成具短分枝的窄聚伞状圆锥花序，有时为腋生的短总状花序④。

中文名索引

拉丁名索引

E

F

G

H

Q

R

图片摄影者

（图片摄影者及页码、图片编号）

李晓东 1④,4②③,6②③,8①②,10②③,11①②④,13①②③,14①②,17②,18②,19②③,23②③,24①②③,25②④,26③④,27①③④,29②③,38①②,41①②,43①,47②③④,49③④,52②③,55②③④,58①,60④,65①②④,66①,70①②③,75②,78①,80④,81③,82④,85②③,86②,90①②,91①③,92②③,93③,94③,95③④,96②③,100②,101④,102①③,103①②,106①②③,107①②,112②③,113③,114③④,116①,119③④,120①③④,121②③,124②③,126①④,127③,129③,132①,133①②③,145①②,146②③,150②,153②,156②,157④,158①,160③,162③,167③,171①,172②,174①③,176①②③,177①,178①③,180③,181②,182④,183①②④,185①,186④,189②③,192④,196④,198③,199①②,200②,203②,204①②,205①,211②③,212①,215①②③,218①,220①②③,223①③,226③④,228④,229②④ 李敏 1①②③,5③,6①,8③,10①,16①,18④,22③,23①,25①③,31④,37①④,40①,42④,46①②④,49①,51③,56④,59④,63①②③,66②③,70④,76①,80①,83①②,84①,87①③,89①②③④,92①,95①②,100①,103③,104①,105④,108①,111①,122②,127①②④,128①②③④,131②,136②③④,139①③,141①②④,150①③,151①③,152①,156④,159①,160①④,161①,162①,164④,165①②,166②,169④,170①,171③,173①③,177④,180①,181①③,186②,188②,190②,192①,193①②③,194①②,200①③,201①,203①③④,208②,209①,217③,218③,225②,228① 刘军 2③,3②,6④,9①②④,10④,11③,16④,20①②,29①,30②,31①②,32①②,33④,36④,38④,43③,44③④,51②,54③,57①③,60①,61③,64③,68③,69③,72④,78②,85①,87④,88③,90③,92④,93①,97③,112④,113①,114①②,116④,117①④,120②,129①④,131①,132③,138①②,141③,142④,143②,149②,155①②③④,158④,160②,163②③,164②,165③,172④,180②,183③,184③④,187①,188③,190①④,191①,195②,197④,198①,209②,210①,213①④,216①②④,217②,221③④,223②,226②,229①③ 刘冰 8④,15①④,17①,18③,19①④,21①,22②,23④,30①,36③,40④,46③,49②,51①④,53①,54②,55①,56②,67①,68④,69④,71①,72①③,74④,75①,77②③,79④,81①,87②,91②④,93④,97④,99①,100③④,111②,113④,115④,116③,118④,122①,123②③,126③,130②,136①,137②④,138④,139②,142③,143④,144③④,150④,156①,159③,161④,163①,166①③④,170③,174②,179①,185④,194④,195④,196①,201④,204③④,206①,208①,209③,219①,220④,224①③,226①,228③ 陈又生 16③,32④,52④,54①④,56①③,67④,69①,72②,76③,78③,80②,86①,94①,97②,99③④,101①,111③,115①②③,116②,124①,139④,142①,146①④,161③,164①,170④,176④,179②③④,187②③,190③,191④,192②,195①,199④,205②,207①,212④,214③,217①④,221②,225①,227② 喻勋林 2④,3③,4④,21②,30③,47①,60③,61④,63④,67③,68②,77①,82②,96④,97①,105①,111④,118③,134③,138③,147①,148②,149④,153①③,157③,168①②③④,173②,181④,182②,187④,188④,191③,202①②④,214①,222④,223④ 宋鼎 3①④,22①,28④,33③,34①②,37②,50①②③④,53②③,62②,64②,75③,78④,84②,85④,94②④,102②,104②,110②③,132②,140②,143①,149③,184①,196②,199③,207②,212②,222②,228② 徐晔春 4①,9③,28③,35④,39③,41④,48②③,59①,61①,62④,64④,68①,74①,83③,98②③,101②,107③,109④,113②,123①,140③,144①,161②,164③,165④,171④,175④,177③,185②,189①,196③,206④,209④,222③ 周繇 5①②,12②③④,13④,16②,39①,71③,74③,77④,80③,99②,108③④,109③,137③,147③,151④,154①②③,156③,162②④,167④,170②,173④,175①②,186①,194③,208③ 施忠辉 17④,44②,57②,83④,84④,86④,88①,104④,121①,172①,197③,213③,218④,222①,227① 李西贝阳 15②,28①②,61②,73②③,74②,101③,109①,112①,193④,197①② 王文元 38③,40③,43④,59②,62①,76②,81②,106④,135

致　谢

本手册能在短期内顺利出版，首先得益于本套丛书的各位合作者马欣堂、周繇、刘军、李晓东、金宁、宋鼎、朱强的通力合作，以及前期大量的野外工作和丰富的植物图片积累。感谢对本书编撰出版付出辛劳的中国科学院植物研究所数字植物项目组的同仁，宣晶对全书数据进行了规范化整理，赵明月负责在线编辑程序开发和数据输出，薛艳莉和郝丽华对全部图片进行前期处理和编辑。同时也要感谢河南科学技术出版社领导给予的特别支持，感谢杨秀芳编辑和她的同事们。

本书所有图片由中国植物图像库（www.plantphoto.cn）代理授权，感谢每一位摄影者的奉献。感谢中国在线植物志（www.eflora.cn）提供《中国植物志》《Flora of China》的植物分类及形态信息，感谢中国科学院植物研究所系统与进化植物学国家重点实验室及科技部基础条件平台标本资源项目对相关网站建设的支撑资助。

感谢我们所有家人的理解和支持，感谢所有朋友的关心和帮助，你们的支持和关爱是我们最大的精神支柱。

最后，特别感谢您——亲爱的读者，您对本书的阅读、使用和推介，是我们不断前行的动力。

李 敏 谨识

二〇一四年九月于北京香山